Wolfgang Oberrisser / Thomas Fandl

Krankheiten und Schädlinge der Honigbiene

Bienengesundheit in Zeiten von Varroa, Bienensterben, Pestiziden und Co.

Leopold Stocker Verlag
Graz – Stuttgart

Umschlaggestaltung: DSR Werbeagentur Rypka GmbH, 8143 Dobl/Graz, www.rypka.at
Titelbild vorne: Hans Peter Müllner
Titelbilder hinten: Wolfgang Oberrisser: viertes Bild li.; Thomas Fandl: zweites Bild li.; Hans Peter Müllner: ganz oben, drittes Bild li.; Thomas Trenker: erstes Bild li.

Bildnachweis: Wolfgang Oberrisser: S. 10, 11, 15 re., 17, re., 18, 20 o., 23, 26 li., 27, 30 li. u., Mi. u. und re. u., 31 o., 21, 33 u., 34 o., 36 li. o. , Mi. o., re. o. und u., 38 Mi. o., 49 u., 56 re., 63, 64 li. u., 72, 74, 76 o., 77, 79 o. 84 li. und Mi., 88, 98 li., Mi. o. und re. u., 99 o. und u., 100, 102, 108 re., 109 li. Mi., 121, 127, 135, 138 li. und Mi., 141 Mi. u., 142 li. o., Mi. o. und u., 148, 154.
Thomas Fandl: S. 12 u., 15 li. und Mi., 20 u., 21 li., 25, 26 re., 36 re. u., 38 li. o. und re. o., li. u. und re. u., 39, 40, 42, 44, 46, 48, 52 Mi. und re., 58, 60, 64 re. o., 66, 68, 70 re., 76 u., 109 Mi. o., 116, 117, 126, 141 li. o., 158, 166 u., 172.
L. M. Gonzalez: S. 9.
Imkerschule Warth: S. 19, 24, 33 o., 34 u., 62, 64 re. u., 79 u., 84 re., 90, 91, 98 re. o. und Mi. u., 99 Mi., 101, 138 re., 141 li. u., 142 re. o., 163 Mi. o. und u., 164, 169.
Jürgen Mück: S. 7.
Hans Peter Müllner: S. 12 o., 13, 14, 17 li., 21 Mi. und re., 31 u., 35, 49 o., 50 o. und li. u., 51 li., 56 li., 64 li. o., 73, 80, 81, 85, 87 o., 92, 94, 109 o., 120, 140, 141 re. o., 152, 163 li. o. und re. o., 166 o., 171.
Thomas Trenker: S. 30 o., 50 Mi u. und re. u., 87 u., 108 li.
Dr. med. vet. Katja Reitt, Zentrum für Labormedizin, St. Gallen, Schweiz: S. 10.
Pixabay.com: S. 161, 162 u.
Alle Graphiken stammen dankenswerterweise von Thomas Fandl.

Bibliografische Information der Deutschen Nationalbibliothek
Die Deutsche Nationalbibliothek verzeichnet diese Publikation in der Deutschen Nationalbibliografie; detaillierte bibliografische Daten sind im Internet unter http://dnb.d-nb.de abrufbar.

Hinweis: Dieses Buch wurde auf chlorfrei gebleichtem Papier gedruckt. Die zum Schutz vor Verschmutzung verwendete Einschweißfolie ist aus Polyethylen chlor- und schwefelfrei hergestellt. Diese umweltfreundliche Folie verhält sich grundwasserneutral, ist voll recyclingfähig und verbrennt in Müllverbrennungsanlagen völlig ungiftig.

Auf Wunsch senden wir Ihnen gerne kostenlos unser Verlagsverzeichnis zu:
Leopold Stocker Verlag GmbH
Hofgasse 5/Postfach 438
A-8011 Graz
Tel.: +43 (0)316/82 16 36
Fax: +43 (0)316/83 56 12
E-Mail: stocker-verlag@stocker-verlag.com
www.stocker-verlag.com

ISBN 978-3-7020-1789-7

Layout und Repro: DSR Werbeagentur Rypka GmbH, 8143 Dobl/Graz
Druck und Bindung: Christian Theiss GmbH, 9431 St. Stefan
Printed in AUSTRIA

INHALT

VORWORT VON WOLFGANG OBERRISSER

Nachdem ich mittlerweile jahrzehntelange Erfahrungen mit Bienenkrankheiten habe, wurde es Zeit, diese niederzuschreiben. Angefangen hat das Ganze in der kleinen elterlichen Imkerei, als ich mit meinem Vater mit 8 Jahren schon bei den Bienen mitarbeitete. Damals zeigte mir mein Vater z. B. die Kalkbrut, da im Bodenbrett und vor den Fluglöchern die Kalkbrutmumien lagen. Er klärte mich auf, woher und warum die Bienen diese Krankheit haben und wie wir sie wieder beseitigen können. Hier wurde der Grundstein gelegt. Heute denke ich mir, ich war damals noch dabei, als es noch keine Varroamilbe in Österreich gab und jeder Bienen halten konnte, ohne viel auf die Bienen zu achten. Heute geht das schon lange nicht mehr, denn die Varroamilbe ist wesentlich aggressiver geworden. Wir haben in den letzten nahezu 40 Jahren die unterschiedlichsten Behandlungsvarianten durchgeführt und dabei die stärksten Milben herausgezüchtet, die wesentlich standhafter sind. Die Varroamilbe hat auch eine positive Auswirkung in der Imkerei gebracht, denn Imker, die nicht viel bei ihren Bienen gemacht haben, hörten mit der Bienenhaltung auf. Heutzutage ist man durch die Varroamilbe stets gefordert, auf der Hut zu sein, damit die Völker überleben.

Die Imkerei interessierte mich in meiner Kindheit so sehr, dass ich 1984 beruflich in diese Branche einstieg. Damals, am Institut für Bienenkunde in Wien, stieg ich voll in die Materie Varroamilbe ein, denn 1983 fand man das erste Mal die Varroa in Kittsee im Burgenland. Ich durfte bei den Brutuntersuchungen dabei sein und lernte so die Varroamilbe kennen. Am Institut wurden laufend verschiedenste Mittel und Alternativmethoden zur Behandlung der Milbe getestet. Damals – es war die Imkerschaft etwas überaltert – dachten die Imker nicht daran, dass die Bienen durch diese kleine Milbe eingehen könnten. Somit kam es 1985/86 zu den schwersten Völkerzusammenbrüchen überhaupt in Österreich. Nach dem Institut für Bienenkunde wechselte ich 1989 auf die Niederösterreichische Imkerschule nach Warth. Ich absolvierte die Facharbeiter- und Meisterausbildung. Seither lehre ich in der Imkerschule und auch im In- und Ausland, wie man mit Bienenkrankheiten und der Varroamilbe umgehen sollte. Ob Imker-Neueinsteiger, -Facharbeiter- oder -Meisterausbildung, ich darf in ganz Österreich bei den Ausbildungen dabei sein. Auch durch meine Wanderlehrertätigkeit werden die Wochenenden ausgefüllt. Nebenbei betreue ich noch 70 Bienenvölker, erzeuge fast alle Bienenprodukte, die es gibt, und verkaufe diese auch, damit es mir nebenbei nicht langweilig wird.

Ich fungiere seit rund 25 Jahren als Seuchensachverständiger im Burgenland und in Niederösterreich. Im Burgenland bin ich seit 15 Jahren Referent des Landesverbandes für Bienenkrankheiten und war auch für den Österreichischen Imkerbund einige Jahre für das Gesundheitsreferat zuständig.

Während des Einsatzes als Seuchensachverständiger sammelte ich sehr viel Erfahrung in Bezug auf Bienenkrankheiten und auf den Menschen, den Imker. Es war nicht immer leicht, speziell die älteren Imker und schwierige Menschen, von denen die Bienenvölker in Faulbrutsperrgebieten standen, zu kontrollieren. Mein Grundsatz war und ist bis heute noch „greif nichts an". Als Sachverständiger dringe ich in die Privatsphäre des Imkers ein. Deshalb sollte ich – bis sich der Imker an mich gewöhnt hat – auch seine Stöcke nicht berühren. Der Imker zieht Stock für Stock die Brutwaben heraus und zeigt mir die Brut. Falls klinische Symptome auftauchen, muss ich den Imker beruhigen und mit ihm sorgsam umgehen. Radikal vorzugehen, wäre der falsche Weg. Man muss gemeinsam den Weg gehen, bis die Krankheit besiegt ist. Somit steigt die Akzeptanz vom Imker gegenüber dem Sachverständigen und es entstehen Freundschaften.

Dieses Buch soll ein Nachschlagewerk sein, einerseits für klassische Bienenkrankheiten, wie Ruhr und Nosema (Durchfallerkrankungen), sowie bakterielle Erkrankungen (Amerikanische Faulbrut) und was in solchen Fällen zu tun ist. Andererseits empfehlen wir vorbeugende Maßnahmen, sodass es erst gar nicht zu Krankheiten kommt. Wir wollen auch in diesem Werk darauf hinweisen, dass wir unsere Bienenvölker mit möglichst geringem Medikamenteneinsatz gegen die Varroamilbe behandeln sollten, damit wir unsere Produkte nicht unnötig kontaminieren. Meiner Meinung nach ist es sehr wichtig, alternative Methoden anzuwenden, mit denen man die Varroamilbe sehr gut in Schach halten kann. Zum einen quält man damit nicht die Bienen und zum anderen bewahrt man unsere Bienenprodukte vor Rückständen.

Wolfgang Oberrisser
im Frühjahr 2019

VORWORT VON THOMAS FANDL

Die Haltung und Betreuung von Honigbienen ist im letzten Jahrzehnt wieder sehr populär geworden. Lange Zeit haftete der Imkerei das Image als Beschäftigung von alten, schrulligen Männern mit Pfeife an. Durch das große Bienensterben in den USA im Winter 2006/2007 hat sich die Aufmerksamkeit der Weltöffentlichkeit auf das drittwichtigste Nutztier gerichtet. Ein möglicher Ausfall unserer kleinen, aber umso wichtigeren Insektenbestäuber auch auf die lokale Nahrungsmittelproduktion wurde vielen erst bewusst. Dies mag auch ein zusätzlicher Grund für viele junge Männer und speziell auch Frauen sein, sich mit der Imkerei zu beschäftigen.

Wie es in einem Bienenstock so zugeht, fand ich schon als Teenager, Anfang der 1980er-Jahre, sehr spannend. Damals, so meinen viele, war die Bienenwelt noch in Ordnung! In hohlen Bäumen überlebten Bienenvölker über Jahrzehnte, es gab keine Varroamilbe in unseren Bienenstöcken und um die Bienengesundheit machten sich nur die Imker selbst Gedanken.

Heutzutage haben sich das Wissen und der Ausbildungsstand der Imkerschaft gezwungenermaßen sehr stark verbessert. Kein Bienenvolk überlebt mehr ohne kompetente menschliche Betreuung. Ständige Fortbildung ist auch hier unbedingt notwendig geworden!

In diesem Buch habe ich versucht, Bienengesundheit auch aus einer größeren Perspektive darzustellen.

Beginnend mit dem faszinierenden sozialen Gesundheitssystem des Biens, dem Superorganismus, der sich so stark vom menschlichen Organismus unterscheidet. Deshalb sind manche Bienenverhaltensweisen für Imker auch so schwer zu interpretieren. Persönliche Erfahrungen mit Bienenweiden, die auch zur allgemeinen Förderung von Bestäuberinsekten, insbesondere von Wildbienen, nützlich sind, sind in diesem Buch auch beschrieben. Das Thema Varroamilbe mit all seinen Facetten, vor allem aber Methoden zum erfolgreichen „Unter der Schadensschwelle Halten", wird auch detailliert erläutert.

Den größeren zeitlichen Zusammenhang zwischen dem Rückgang der Insektenanzahl und -vielfalt, das bereits erwähnte Bienensterben sowie die Veränderungen in unserer Umwelt inklusive der immer weit verbreiteteren Anwendung von Insektengiften habe ich auch versucht darzustellen.

Thomas Fandl
im Frühjahr 2019

BIENENGESUNDHEIT

DAS IMMUNSYSTEM DES SUPERORGANISMUS BIEN

Der Bien ist ein Ausdruck für den Superorganismus, den die Gemeinschaft eines Bienenvolkes mit all ihren Einzelmitgliedern bildet. Diese Gemeinschaft der Honigbienen mitsamt ihrer Königin ist ein Erfolgsmodell, das die Pflanzenbestäubung auf diesem Planeten zu einem großen Teil bestimmt, und dadurch hat sich die Honigbiene den Titel drittwichtigstes Nutztier der Menschheit errungen.

Starkes Ablegervolk Anfang April

Der Superorganismus Bien, der sich flexibel an neue Gegebenheiten anpasst. Hier werden zwischen ältere, bereits ausgebaute Waben Leerwaben gehängt und das Volk hat sie umgehend integriert.

WAS VERSTEHT MAN UNTER BIENENGESUNDHEIT?

Ein Bienenvolk bezeichnet man als gesund, wenn sich sein Immunsystem mit allen – in seiner Umwelt vorhandenen – krankmachenden Substanzen in einem Gleichgewichtszustand befindet.

Das Immunsystem der Einzelbiene

Die Evolution schaffte es in ca. 100 Millionen Jahren, aus den ersten solitär lebenden Bestäubern unsere heutige Westliche Honigbiene zu gestalten. Sie lebt im Sommer mit durchschnittlich 30.000 und im Winter mit durchschnittlich 10.000 Halbschwestern auf engstem Raum zusammen. Das Zusammenleben wird stark von Düften, den Pheromonen der Königin – der Mutter aller Bienen eines Volkes –, sowie durch gegenseitiges Füttern beeinflusst. Ihre Kinderstube, die Brut, benötigt eine Temperatur über 33 °C und eine hohe Luftfeuchtigkeit sowie ausreichend hochkalorische Nahrung. Die Königin legt bis zu 2.000 Eier pro Tag. Ein Bienenvolk verbraucht pro Jahr durchschnittlich 25 kg Pollen und 75 kg Honig, um ihren Nachwuchs und sich selbst zu versorgen. Durchschnittlich werden pro Stock und Jahr ca. 150.000 Individuen aufgezogen. Durch diesen großen Massenumsatz und ihre beinahe idealen Umweltbedingungen ist ein Bienenvolk natürlich auch sehr interessant für Krankheitserreger und Parasiten aller Arten. Um deren Schadwirkung klein zu halten, formte die Evolution ein effizientes Abwehrsystem von der Bienenseite. Grundsätzlich kommt unsere Biene mit ihren natürlichen, altbekannten Krankheitserregern und Parasiten auch relativ gut zurecht und hat ein relativ robustes Gesundheitssystem. Nachdem sie sich durch Millionen von Jahren gemeinsamer Entwicklung schon gut aneinander angepasst haben, ist das auch nicht weiter verwunderlich. Im Unterschied dazu hat der Mensch eine vergleichsweise sehr kurze Evolutionszeit und speziell in den letzten Jahrhunderten, vor allem seit der industriellen Revolution, auch eine sehr stark von Veränderungen geprägte Zeit. Ein großes Problem für die Honigbiene stellen aber neue Krankmacher, wie die Varroamilbe, und vom Menschen gemachte, sich schnell ändernde Umweltbedingungen, wie reduzierte Nahrungsvielfalt, einseitige Landschaftsumgebung sowie Insektengifte, dar.

Schwache Bienen geben starke Völker

Eine Einzelbiene hat nur ein Drittel der Gene für ihr Immunsystem wie ein Durchschnittsinsekt, wie z. B. eine Fruchtfliege. Das heißt, das Immunsystem der Einzelbiene kennt zwar die grundsätzlichen Formen der Verteidigung gegenüber Krankheitserregern, wie wir sie auch von uns Menschen kennen, aber nur in minimalster Form:

- Der Chitinpanzer stellt eine mechanische Barriere dar und es existiert eine Art von Wundverschlusssystem.
- Die Eingänge zu den Atmungsöffnungen haben Härchenfilter und das Verdauungssystem besitzt eine relativ robuste Darmwand.

Hat der Krankheitserreger die äußere Hülle der Biene durchbrochen, kommt das interne Verteidigungssystem zum Zug:

- Die Hämolymphe (Bienenblut) besitzt Verteidigungseiweiße und -zellen zur Abwehr von Krankheitserregern und Giften, die im Bedarfsfall auch vermehrt werden können.
- Immuneiweiße werden hauptsächlich im Fettkörper gebildet.

Starkes Volk im Oktober

Die einzelne Honigbiene besitzt nur ein angeborenes und kein zusätzlich lernendes Immunsystem, das heißt, sie kann nicht gegen eine Krankheit geimpft werden.

Die Königin kann auch ihrem Nachwuchs keine Antikörper mitgeben, wie es z. B. beim Menschen passiert. Aber beim Auftreten von Krankheitserregern im Bienenstock, die über die königlichen Fütterbienen zur Königin kommen, gibt diese über das Eigelb-Vorläuferprotein (Vitellogenin) durchaus Immunstoffe an ihre Eier weiter.[i] Dadurch kann sie ihren Nachwuchs praktisch impfen und das Immunsystem ihrer Eier schon auf das vorbereiten, was sie erwartet, wenn sie als Larven gefüttert werden (z. B. Sporen der Amerikanischen Faulbrut) oder sobald sie die Brutzelle später verlassen.

Die schwächsten Bienen geben die robustesten Völker?

Ein so extrem einfaches individuelles Immunsystem ist nicht nur energiesparend, sondern kann auch gezielt z. B. gegen Parasiten, wie die Varroamilbe, genutzt werden. Eine wissenschaftliche Untersuchung in Thailand an der Asiatischen Honigbiene[ii] hat herausgefunden, dass deren Arbeiterinnenbienenpuppen größtenteils sterben, sobald sie von einer Varroamilbe angestochen werden. Nach ein paar Tagen können sie mit den dann ebenfalls größtenteils verstorbenen Milben entsorgt werden. Wenn man es sich so überlegt, ist das eigentlich eine sehr effiziente Lösung, die die Evolution hier gegen aggressives Parasitentum gefunden hat.

Die Westliche Honigbiene im Vergleich dazu

Leider – in Bezug auf die Varroamilbe – hat sich unsere Westliche Honigbiene hier in Europa unter anderen Umweltbedingungen – nicht unter so einem extremen Parasitendruck – entwickelt, sodass „unsere" Bienenbrut relativ unempfindlich gegen Varroaparasitierung ist. Dieses stärkere Immunsystem der Larve/Puppe der Westlichen Honigbienen macht diese auch robuster gegen Brutkrankheiten und stellt außerdem eine Anpassung an den kalten Winter dar. Um diesen langen Winter zu überleben, machen unsere Honigbienen große Völker, bringen viel Honig, und wenn Krankheiten ausbrechen, dann versuchen sie, diese im eigenen Zuhause zu überleben, ohne einfach so auf gut Glück die Brut und Vorräte zu verlassen und das Weite zu suchen und die kranke Brut den Ameisen zu überlassen, wie es die Asiatische Honigbiene macht.

Apis mellifera carnica

Drohnenbrut, die in einer Bannwabe (Königin wird auf eine Wabe eingesperrt) aufgezogen wurde und daher extrem von Varroamilben befallen wurde.

In der wissenschaftlichen Literatur zur Westlichen Honigbiene geht man von einer maximalen Varroaparasitierung von bis zu 7 Milben bei Drohnenbrut und bis zu 4 Milben bei Arbeiterinnenbrut aus.[iii] Leider ist die Realität noch extremer. Aus persönlicher Erfahrung bei meinen eigenen Bienen habe ich schon mehr als 10 Muttermilben aus einer lebendigen Drohnenpuppenzelle laufen gesehen.

DER SUPERORGANISMUS BIEN

Eine Honigbiene, für sich alleine betrachtet, ist ein Insekt. Die Gemeinschaft aller Individuen, die ein Bienenvolk bilden, als Einheit betrachtet, kann man als höheren Organismus sehen. Die einzelne Biene kann zwar auch ein paar Stunden für sich alleine leben, aber sie ist Teil eines größeren Systems, in dem sie altersabhängig Aufgaben übernimmt und auch wieder von dieser Gemeinschaft profitiert. Sobald sie geschlüpft ist, säubert sie Zellen, danach füttert sie den Nachwuchs, dann baut sie Waben, lagert Honig und Nektar ein etc. Interessant hierbei ist, dass die zeitliche Abfolge ihrer Jobs im Bienenvolk die zeitlich unterschiedliche Entwicklung ihrer Drüsen widerspiegelt. Während sie Zellen putzt, frisst sie viel Pollen und entwickelt dabei ihre Futtersaftdrüsen. Nach ihrer Ammenbienenzeit werden die Wachsdrüsen

Königin mit Hofstaat

aktiv und danach die enzymproduzierenden Drüsen für die Honigeinlagerung. Ca. ab dem 21 Tag wird sie dann regulär zur Sammelbiene. Es herrscht aber eine hohe Flexibilität, das heißt, bei Volltracht werden Stockbienen unterschiedlichen Alters direkt zu Sammelbienen und bei starkem Bedarf können auch alte Sammelbienen wieder zu Notfalls-Ammenbienen werden, die aber nicht mit den Leistungen einer jungen Ammenbiene mithalten können, denn ihre Futtersaftdrüse produziert altersbedingt weniger Futtersaft.

Das Ganze läuft in etwa so, wie eine Zelle oder ein Zellverband in unserem menschlichen Körper Aufgaben übernimmt und dafür ernährt und versorgt wird.

Oder wie ein Staat und seine Bürger, wo man auch sehr viele Abläufe und Hierarchien vergleichen kann. Die Biologie hat dafür den Begriff Superorganismus geschaffen. Im Superorganismus Bienenvolk arbeiten Arbeitsbienen, Drohnen und die Königin zusammen und verrichten selbstorganisierend anfallende Tätigkeiten.

Das soziale Immunsystem – die Abwehr des Superorganismus Bien

Wie schaffen es jetzt die Tausenden Einzelbienen mit ihrem schwachen Immunsystem, die auf engstem Raum beste Bedingungen für Schädlinge, Parasiten, Viren, Bakterien und andere Krankmacher bieten, schon seit Jahrmillionen zu überleben?

INFO!

Indem sie einen funktionierenden Superorganismus bilden!

Der Superorganismus Bien besteht aus Arbeiterbienen, Königin und zur Schwarmzeit auch Drohnen. Sie arbeiten zusammen wie ein sehr flexibler Organismus, der keine egoistischen Neigungen der Einzelindividuen zu kennen scheint.

Im Bienenvolk herrscht Arbeitsteilung: Wächterbienen bewachen und verteidigen den Eingang gegen alles, was sie als Bedrohung für ihre Volksgesundheit von außerhalb des Stockes sehen. Sie geben auch ihr Leben, wenn sie z. B. eine Maus stechen, durch die sie ihren Stock bedroht sehen. Sehr viel häufiger sind sie natürlich mit Wespen oder Hornissen konfrontiert, die sowohl an ihren Vorräten, an ihrem Nachwuchs (Bruträuber) als auch an dem nahrhaften Muskelfleisch der erwachsenen Bienen interessiert sind. Räuberische Bienen aus anderen Stöcken werden vor allem dann ein Problem, falls das beraubte Volk schon in einem schlechten gesundheitlichen Zustand ist, ein Königinnenproblem hat oder eine imkerliche Maßnahme (z. B. bei Trachtlosigkeit außerhalb des Stockes das Futterverschütten) der Auslöser dafür war.

INFO!

Der Superorganismus Bien verwendet auch gezielt „Arzneien“, wie z. B. Propolis!

Biene verarbeitet Propolis.

Von Sammelbienen wird gegen die krankmachenden Keime z. B. einer toten, verwesenden Maus von Pflanzenknospen das Schutzharz gesammelt und zu einem natürlichen bakterizid-, antimykotisch- und virostatisch-wirkenden Harzgemisch verarbeitet. Mit dieser Propolis – wie man dieses Harz nennt – wird die tote Maus dann eingesargt. Es wurde aber auch schon beobachtet, dass Bienenbrotzellen (Zellen, gefüllt mit eingelagertem Pollen) mit sehr hohem Pestizidgehalt[iv] richtiggehend damit „eingesargt" werden. Prinzipiell ist die Propolis aber ein recht weit verbreiteter Stoff im Bienenvolk. Es werden Brutzellen desinfiziert, kleine Löcher und Spalten geschlossen, größere Löcher verengt und bei Schwitzwasser wird es auch als Schimmelvorsorge verwendet. Ursprünglichere Bienenarten, wie viele stachellose Arten, verwenden es auch, um mit langen Trompetentunneln ihre Eingänge gegen aggressive Raubinsekten unzugänglich zu machen – daher kommt der Name *Pro polis* (vor Stadt).

Hier handelt es sich um verschiedene Arten von stachellosen Bienen, die in Thailand vorkommen. Das erste Bild habe ich in Chiang Mai auf dem Campusgelände der Universität aufgenommen. Das zweite Bild stammt aus Koh Samui, dort hat sich ein Volk in einem in die Erde geschlagenen Halbzollrohr angesiedelt. Dieses Foto habe ich bei Regen gemacht, darum ist die Propolis auch sehr hell. Bei Sonnenschein wären die oberen Teile schwarz und weich und klebrig, wie ein Leimring, und es dient der Abwehr der extrem aggressiven Feuerameisen, die eine permanente Bedrohung darstellen. Das dritte Bild zeigt ein Propolisgitter bei unserer Westlichen Honigbiene, das Imker zum Ernten von qualitativ hochwertiger Propolis auf die Rähmchen der obersten Zarge legen.

Eine andere Arzneimittelverwendung durch den Superorganismus Bien ist die selektive Verwendung von bestimmten Honig- und Pollenarten mit unterschiedlichem Potential zur Krankheitsbekämpfung.[v] Es wird gezeigt, dass mit *Nosema ceranae* infizierte Bienen Honige mit höherer antibiotischer Wirkung bevorzugen und dadurch eine Reduktion ihrer Infektion bewirken.

Außer der Bewachung ihres Einganges und der Verwendung von „Arzneimitteln" hat der Superorganismus Bienenvolk im Gesundheitsbereich noch weitere Verhaltensweisen, die man in ihrer Gesamtheit auch die soziale Immunität nennt:

Soziale Immunität

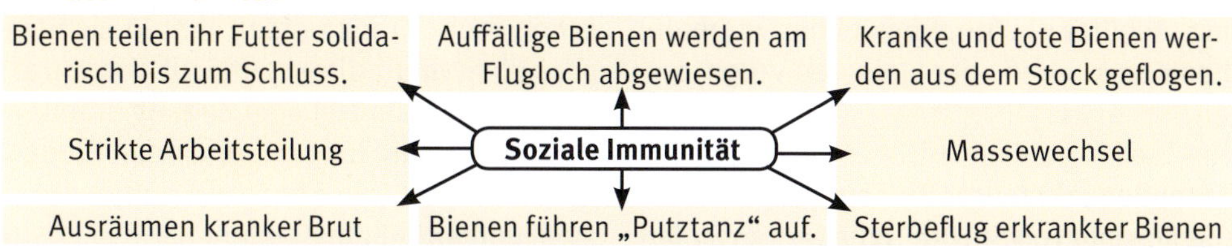

Ausräumen kranker Brut: Dass kranke Brut von den Ammenbienen erkannt und aktiv entfernt wird, verhindert die Vermehrung des Krankheitserregers. Je früher kranke Brut entfernt wird, desto weniger kann sich der Krankheitserreger vermehren. Wenn dagegen eine kranke Brut schon entfernt wird, obwohl sie noch gute Chancen hätte, dass ihr eigenes Immunsystem mit dem Erreger fertig wird, dann führt dies auf der anderen Seite zu schwächeren Völkern. Ein Mittelweg in Abhängigkeit vom Krankheitserreger wäre der Idealzustand.

Bienen teilen ihr Futter solidarisch bis zum Schluss: Die Tatsache, dass in einem Bienenvolk die Bienen gegenseitig so lange Futter weitergeben, dass niemand vorzeitig verhungert, kann auch zur Faulbrutsanierung genutzt werden, denn wenn alle Honigmägen gleichzeitig leer sind, kann auch kein sporenbelasteter Honig mehr eingelagert werden. Prinzipiell ist es aber extrem wichtig, dass niemand im Stock hungert. Hungernde oder mangelernährte Bienen haben kleine oder keine Fett-Eiweißkörper und somit auch nur ein schwaches Immunsystem. Daher sind sie ideale Brutstätten für Krankheiten, die in späterer Folge dann das gesamte Volk bedrohen würden!

Auffällige Bienen werden am Flugloch abgewiesen: Dass einzelne stark riechende bzw. sich seltsam verhaltende Bienen am Flugloch abgewehrt werden, nachdem sie z. B. mit Pestiziden in Kontakt gekommen sind oder mit Krankheitserregern befallen sind, schützt die Stockbewohner vor manchen Krankheiten oder kleineren Vergiftungen.

Sterbeflug erkrankter Bienen: Verschmutzte Zellen und von Stockmitgliedern belaufene Flächen werden von sporenbelasteten, toxischen oder pathogenen Substanzen gereinigt und darauf folgt der „Sterbeflug" dieser Biene, sodass der Superorganismus von diesen krankmachenden Substanzen befreit wird. In einer Studie[vi] konnte gezeigt werden, dass sich Sammelbienen, die mit einer starken CO_2 Narkose oder auch mittels einer chemischer Substanz behandelt wurden, sodass sie sich krank fühlen mussten, tatsächlich hochgradig selbstlos verhielten und größtenteils ihren „Sterbeflug" antraten.

Kranke und tote Bienen werden aus dem Stock geflogen: Dass tote und kranke Bienen aus dem Stock geworfen und in Distanz zum Bienenstock zur letzten Ruhe gebracht werden, verhindert weitere Infektionen durch die sich in sterbenden Körpern ungehindert vermehrenden Krankheitserreger.

Strikte Arbeitsteilung: Das verhindert die Ausbreitung von Krankheitserregern! Bienen sind zuerst Zellenputzer, dann Ammenbienen, Baubienen, Futtereinlagerer und Wächterbienen. Zum Lebensende hin sind sie Nektar-, Wasser- oder Pollensammlerinnen. Die Sammelbienen sind die Hauptquelle neuer Krankheitserreger für das Bienenvolk und sind auch selbst vielen Todesgefahren ausgesetzt (Fressfeinde, z. B. Vögel, Todesfallen, z. B. Rasenmäher, Erfrieren oder Verhungern, z. B. bei Wetterumschwüngen, Vergiftungen, z. B. Pestizidanwendung etc.). Daher ist es sinnvoll, dass die älteren Bienen, die auch schon mehr Krankheitserreger in sich tragen, nicht mehr direkt zur Brut oder direkt zum Nahrungsmittellager Zugang erhalten, sondern nur die jungen, gesunden Bienen. Junge Bienen, die krank werden, werden auch vorzeitig Sammelbienen.

Heimkehrende Bienen, die vor dem Stock sterben (Insektizid)

Massewechsel: Der Massewechsel ist ein Garant für ein gesundes Bienenvolk! Zwischen März und Oktober lebt die durchschnittliche Biene in einem gesunden, ungestressten Bienenvolk 20–30 Tage. Das ist zu kurz für eine erfolgreiche Vermehrung von vielen Krankheitserregern, wie z. B. Tracheenmilbe, Nosema, Amöbenruhr.

Die Bienenlebensdauer verlängert sich und begünstigt damit auch wieder manche Bienenkrankheitserreger:

- Durch natürliche Umweltbedingungen: Schwarmaktivität, lange Schlechtwetterperioden, Drohnenbrütigkeit etc.
- Durch menschengemachte Umweltbedingungen: große Flugbienenverluste durch Rasenmäher, Mulcher, Pestizidanwendungen etc.
- Durch imkerliche Maßnahmen: Ablegerbildung, Kunstschwarmbildung, Brutentnahmen, Königinnensperren etc.

Hier ist speziell nach der Sommersonnenwende – je näher man zu den Herbstschlechtwetterperioden kommt – imkerliches Fingerspitzengefühl hilfreich. Die Varroa muss aus dem Stock gebracht werden, ohne die langlebigen Winterbienen zu stark zu gefährden, weder durch die Varroabehandlung selbst noch durch überalterte Sommerbienen, die voller Krankheitserreger sind.

Ablegerbildung, auch ein Mittel zur Varroareduktion

Putztanz: Wenn man eine Biene z. B. mit einer Varroamilbe in Kontakt bringt, wird sie natürlich versuchen, den Plagegeist mit ihren Beinen bzw. durch Körperbewegungen loszuwerden – sie putzt sich selbst. Dadurch erregt sie auch die Aufmerksamkeit anderer Bienen. Dieses Verhalten wurde schon oftmalig untersucht und je nach Bienenart und Untersuchung ist diese Selbst- bzw. Gruppenreinigungsverhalten mehr oder weniger erfolgreich.[vii]

Die soziale Immunität eines Bienenvolkes trägt als einer der wichtigsten Faktoren zur dominierenden Stellung der Honigbiene unter den Insektenbestäubern bei. Sie ermöglicht individuenstarke Volkseinheiten, die eine effiziente Bestäubung im zeitigen Frühling durchführen können.

Lebensdauerregelung bei den Bienen

Eine Sommerbiene hat eine durchschnittliche Lebenserwartung von ca. 34 Tagen. In der Literatur[viii] wird das Maximalalter, das eine Biene erreichen kann, mit 5–8 Monaten angegeben. Für die Winterbienen gibt es auch die Regel, dass Bienen in größeren Volkseinheiten durchschnittlich eher länger leben. In einer anderen Studie[ix] wurde herausgefunden, dass schon alleine das Vorhandensein der Brutpheromone in einem Versuchsvolk die Lebensdauer der Arbeiterbienen verkürzt.

Wachsschwitzende Biene

Auch eine Wächterbiene kann vorzeitig Sammelbiene werden, falls Bedarf besteht. Sobald eine Biene Sammelbiene wird, reduziert sich ihre Lebenserwartung sehr stark.

Das heißt, falls es in einem Stock keinen Jungbienennachwuchs gibt, verlängert sich die Lebensdauer, denn die Bienen bleiben auch noch nach dem 21. Tag im Stock, verrichten dort ihre Tätigkeiten und wechseln nicht auf die lebensdauerverkürzende Sammeltätigkeit.

Eine Schweizer Studie[x], durchgeführt von Juli bis August, beschäftigt sich auch eingehend mit den die Lebensdauer der Honigbiene beeinflussenden Faktoren.

Die kürzeste Lebensdauer mit ca. 34 Tagen ergab sich bei den Völkern, bei denen jeden Tag junge Bienen zugegeben wurden, obwohl sie komplett brutlos waren, weil die Königin gekäfigt war.

Das Entfernen der verdeckelten Brut vor dem Schlüpfen in einem Bienenvolk bewirkt im Durchschnitt eine Verlängerung der Lebensdauer der Ammenbienen um 5 Tage, obwohl diese Bienen in ihrem Leben natürlich auch insgesamt noch viel mehr Brut gepflegt haben.

Ein brutfreies Volk ohne Jungbienennachwuchs verlängert die durchschnittliche Lebensdauer der Arbeiterbienen am stärksten, nämlich auf errechnete 57,6 Tage (die Studienzeit war mit 60 Tagen limitiert). Es hätte also auch sein können, dass manche Bienen, wie bei Winterbienen üblich, 5–8 Monate alt geworden wären.

GEEIGNETER STANDORT DER BIENENVÖLKER

Es ist sehr wichtig für die Bienenvölker, einen richtigen Standort zu wählen, denn dieser beeinflusst wesentlich die Abwehrfähigkeiten bei möglichen Bienenkrankheiten. Für den Bienenstand, wenn es nicht der eigene Grund ist und die Bienen im Garten aufgestellt werden können, muss man zuerst mit dem Besitzer des Grundstückes eine Vereinbarung treffen. Je nachdem, ob die Bienen eine Bestäubungsleistung für den Grundbesitzer erbringen oder nur eine Einschränkung für die Nutzbarkeit durch den Besitzer darstellen, werden mögliche Entschädigungen verhandelt. Häufig gibt's in der Imkerei die Abmachung zwischen Grundbesitzer und Imker, dass der Imker 1 Glas Honig pro Bienenvolk an den Grundbesitzer bezahlt. Umgekehrt werden auch je nach Situation recht unterschiedliche Beträge pro Bienenvolk, das Bestäubungsarbeit leistet, bezahlt. Es ist Vereinbarungssache, ob mit Geld, Honig, Obst etc. bezahlt wird.

Bienenstand der NÖ-Imkerschule im Mittelburgenland, während der Akazientracht (Robinie)

Die Bienenstöcke sollten nicht direkt am Boden stehen. Eine gute Höhe bekommt man, wenn man auf 2 Schalsteine zwei 10/10-er Staffeln quer darauflegt. Bei uns im pannonischen Klimabereich ist es nahezu egal, in welche Himmelsrichtung das Flugloch der Stöcke ausgerichtet ist. In Gebieten mit rauen klimatischen Verhältnissen sollten Bienenvölker südöstlich bis südwestlich ausgerichtet sein, um auch bei schlechterem Wetter Bienenflüge zu ermöglichen.

Auf alle Fälle sollte die Sonne in den Wintermonaten des Öfteren aufs Flugloch scheinen, sodass die Bienen auch Reinigungsflüge durchführen können.

Generell sollte man Plätze, wo bereits Bienenstände in der Nähe existieren, eher meiden. Viele Völker auf einem Platz erhöhen die Ansteckungsgefahr für Krankheiten und erschweren eine gute Nährstoffversorgung während trachtarmer Zeiten. Wenn beliebte Bienen-Wandergebiete in der Nähe sind, erhöht sich auch die Gefahr einer Ansteckung mit Bienenkrankheiten. Um zukünftige Probleme, wie Sabotageakte etc., zu vermeiden, sollte man auch versuchen, mit seiner Nachbarschaft in ein gutes Einvernehmen zu kommen und, falls möglich, den Bienenstand hinter einem Zaun oder wenig zugänglich zu platzieren.

Reinigungsflug Mitte Jänner

Bienenstand nach einem Sturm im August

WASSERVERSORGUNG VOM BIENENSTAND

In der Nähe des Bienenstandes, bis zu 300 m, ist eine Wasserquelle wichtig. Das kann ein Bach oder ein Teich sein und er sollte auch von der Sonne beschienene, flache Stellen haben, an denen die Bienen gefahrlos Wasser aufsaugen können.

Stellt man selber Wasser auf, ist ein gewisses Ansteckungspotenzial für Krankheiten gegeben. Kranke Bienen werden eher den kürzesten Weg zum Wasser suchen und mit ihren Krankheitserregern dieses verunreinigen. Im Frühling ist eine Tränke in der Nähe der Völker speziell beim Reinigungsflug recht gefährlich. Man stelle sich vor, die Sporen der Krankheiten hatten oft Monate Zeit zur Vermehrung im Bienendarm – und

Baumstumpf als Bienentränke

Wassersammlerin im Schlamm

Wassersammlerinnen im Moos

dann werden sie genau dort abgesetzt, wo viele Bienen sie wieder beim Wasseraufsaugen aufnehmen!

Das Thema Bienengifte ist auch bei der Wasserversorgung und damit auch für die Standortfrage sehr wichtig. Die Menschheit und ihre Haus- und Nutztiere leben heutzutage den Luxus, immer weniger von Insekten belästigt zu werden. Das hat aber auch die Konsequenz, dass Insektengifte praktisch überall auftreten und sich auch auf die Bienengesundheit negativ auswirken. Daher macht es manchmal Sinn, auf den ersten Blick eher ungeeignete Bienenstandorte auszuprobieren, falls sie den Anschein machen, dass sie von menschlichen Siedlungen und von der intensiv genutzten Landwirtschaft weniger stark beeinflusst sind.

GESETZLICHE PFLICHTEN BEZÜGLICH DES BIENENSTANDES

Wenn man den geeigneten Standplatz für seine Bienen gefunden hat, sollte man, auch um zukünftigen Streitereien und Problemen aus dem Weg zu gehen, die geltenden Gesetze erfragen und natürlich auch einhalten. Diese Gesetze schreiben oft z. B. Kennzeichnungspflicht, Mindestabstände zu den Nachbargrundstücken, Verkehrswege, bereits vorhandene Bienenstände etc. vor. Die Ortsüblichkeit der Bienenhaltung kann an manchen Standorten auch ein Problem werden und sollte vorzeitig geklärt werden. In Österreich muss auch jeder Bienenstand im VIS verortet werden. Nähere Informationen gibt es im Kapitel „Gesetzliche Bestimmungen im Zusammenhang mit Bienengesundheit in Österreich“, siehe S. 149 f.

Falls die Bienen nicht im eigenen Garten stehen können, sollte überlegt werden, ob nicht gleich dauerhafte Schilder hergestellt werden, auf denen Name, Adresse, Telefonnummer und VIS-Nummer stehen. Diese Beschilderung wäre bei Sturmschäden, Wildschäden, Schäden durch Pkw, landwirtschaftliche Fahrzeuge oder bei Unfällen sehr praktisch. Damit könnte man auch von anderen Personen leicht verständigt werden, die einen Schaden am Bienenstand bemerken.

So sollte eine Tafel am Bienenstand aussehen.

IMKERLICHE MASSNAHMEN ZUR VORBEUGUNG VON KRANKHEITEN

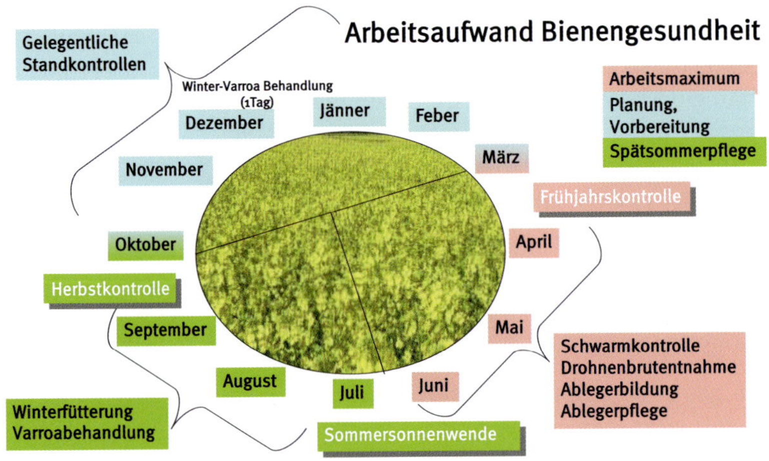

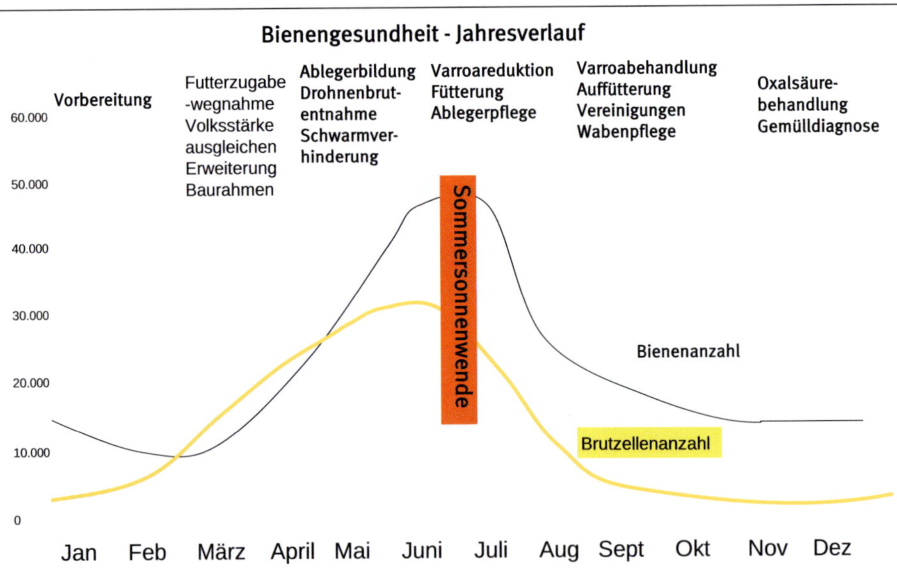

ANKAUF VON BIENENVÖLKERN, WABEN, HONIG, MASCHINEN UND GERÄTEN

Wo bekommt man die Bienen her? Welche wählt man: Bienenvölker, Kunstschwärme oder Naturschwärme?

Empfehlenswert ist der Kauf von gesunden Jungvölkern mit einer jungen Königin!

Beim Ankauf von Bienenvölkern geht man immer ein gewisses Risiko ein, Bienenkrankheiten mitzukaufen. Ein Vertrauensverhältnis zum Verkäufer oder idealerweise ein Gesundheitszeugnis, aus dem hervorgeht, dass die Bienenstöcke von einem Bienenseuchensachverständigen auf Krankheiten, speziell auf Brutkrankheiten, wie Amerikanischer Faulbrut (AFB), Europäischer Faulbrut, Sackbrut, Kalkbrut, und auch Varooseschäden kontrolliert wurden, ist von Vorteil.

Bienenimporte oder importierte Kunstschwärme sollten schon alleine wegen des unkontrollierbaren Gesundheitsrisikos nicht gekauft werden (kleiner Bienenstockkäfer, Tropilaelapsmilbe).

Sind Futterkranzproben (AFB) vertrauenswürdig?

Bei Futterkranzproben wird ein Teelöffel Futterhonig nach der Überwinterung pro Volk entnommen. Diese Vorsorgeuntersuchung dient einerseits zur seuchenfreien

Ankauf von Ablegern

Schwarmfang

Naturschwarm hängt am Ast

Der Schwarm ist eingezogen.

Bienenwanderung, andererseits gibt sie dem Imker Aufschluss, ob seine Bienen bzw. das Futter mit AFB-Sporen versetzt sind.

Bei der Futterkranzprobenuntersuchung wird ausschließlich die Sporenanzahl der anzeigepflichtigen Brutkrankheit Amerikanische Faulbrut ermittelt (siehe S. 97 f.) – es werden hierbei keine anderen Brutkrankheiten untersucht. Die Entnahme des Futterkranzhonigs über der Brut für diese Untersuchung sollte von einem Seuchensachverständigen durchgeführt werden, weil diese leicht manipulierbar ist. Den größten Aussagewert hat die Futterkranzprobe nach den Wintermonaten bis Anfang April, nachdem die Hauptansteckungszeit der Amerikanischen Faulbrut, Herbst und Winter, vergangen ist.

Von skrupellosen Bienenhaltern wird manchmal, um eventuellen Anzeigen von Seiten der Bezirksbehörde aus dem Wege zu gehen, folgende Vorgangsweise gewählt.

Von einem Kunstschwarm, der auf frische Mittelwände eingeschlagen wurde, wird nach der Fütterung der neue Futterhonig mit ein paar Wachskrümelchen entnommen und als Futterkranzprobe ins Labor geschickt. In solchen Proben wird man natürlich keine Sporen finden. Imker fragen immer wieder, warum Bienenverkäufer solche Methoden anwenden. Ganz einfach, damit sie keine Schwierigkeiten bekommen und weiterhin Geld z. B. mit dem Bienenverkauf verdienen können.

Nach den Wintermonaten sollte der alte verdeckelte Futterkranz geöffnet werden und von dort mit dem Löffel das Zuckerwasser-Honig-Gemisch entnommen werden.

SOLL MAN FREMDE BIENENSCHWÄRME EINFANGEN?

Viele Imker sagen bei Schwärmen: „Den lassen wir ziehen, damit wir nicht die Varroa und andere Krankheiten bekommen!“ Ist dies die richtige Einstellung? Um welche Schwärme kann es sich hier grundsätzlich handeln?

- Naturschwarm aus einem starken gesunden Volk
- Naturschwarm aus einem mittelstarken Volk, das bereits z. B. an Amerikanischer Faulbrut erkrankt ist
- Varroaschwarm Ende Juli oder später
- Hungerschwarm bei langer Trachtlosigkeit

Was passiert, wenn man diesen Schwarm ziehen lässt?

Der fremde Schwarm sucht sich irgendwo einen Nistplatz in einem Baum, einem Mauerloch oder einem entsprechend verfügbaren Hohlraum. Die Bienen sterben entweder an Hunger, der Varroamilbe oder sogar an der Amerikanischen Faulbrut ab. Bevor aber ein Volk an der Varroamilbe stirbt, verlassen die Bienen häufig das eigene Nest und suchen zumeist gesunde Völker auf – und das können auch die eigenen sein. Es ist nicht unmöglich, dass, nachdem man den Schwarm hat ziehen lassen, die Milben und

Krankheitserreger im Oktober wiederkommen und zum Zusammenbruch der eigenen Bienenvölker führen, obwohl sie ursprünglich ausreichend gegen die Varroa behandelt worden sind.

Was passiert mit dem Wabenmaterial von den abgestorbenen Völkern im Baum?

Bienen kommen bei schönem Wetter oder bei Temperaturen über +10 °C von anderen Bienenständen und räubern das Futter aus.

Ist das Futter mit Sporen von irgendeiner Brutkrankheit kontaminiert, können sich gesunde Bienenvölker mit Brutkrankheiten anstecken.

Naturschwärme unbekannter Herkunft bringen auch Unklarheit über ihren Gesundheitszustand mit, daher sollte man sie:

- z. B. mit Oxalsäure gegen Varroa beträufeln.
- in eine Beute ohne Waben einschlagen.
- nicht füttern.
- zumindest einen Tag in den kühlen, feuchten Keller stellen.
- nach einem Tag Kellerhaft auf den Bienenstand bringen und auf Mittelwände einschlagen.
- beobachten und auf Krankheitszeichen achten.
- in den nächsten Wochen immer wieder auf gesunde Brut untersuchen.

INFO!

Zur Gesundheitsvorsorge sollte man folgende Vorgangsweise im Umgang mit Schwärmen wählen:
Keine unbeaufsichtigten leere Bienenkisten als Schwarmfänger mit geöffnetem Flugloch hinstellen! Ein fremder Schwarm, der mit Krankheitserregern belastet ist, könnte einziehen und den eigenen Stand anstecken.

ÜBERWINTERTES VOLK ODER KUNSTSCHWARM BESORGEN?

Bei einem überwinterten Volk oder Ableger hat man natürlich den Vorteil, dass man die Bienensaison in vollen Zügen genießen und bei dementsprechendem Wetter gefüllte Honigräume einfahren kann. Das heißt auch, dass mit etwas Bienenglück, inkl. gutem Wetter und hoher Tracht, ein guter Honigverkäufer schon im ersten Jahr einen Teil der Investitionskosten wieder zurück in die Kasse spülen kann. Der Haken bei überwinterten Völkern ist wiederum, dass sie vielleicht schon mit einer Krankheit infiziert sind und man, anstatt viel Honig zu schleudern, im Extremfall die Faulbrut sanieren muss.

Überwintertes Volk auf einem Naturbau

Vor- und Nachteile von Kunstschwärmen

Bei einem Kunstschwarm ist die Ansteckung mit Brutkrankheiten relativ gering, da es sich um neues Wabenmaterial handelt und industriegefertigter Zucker zugeführt wird, in dem keine Sporen von Krankheiten sein können. Der Nachteil ist, dass man im gleichen Jahr zumeist noch keinen Honig ernten kann, da der Kunstschwarm erst ein Volk aufbauen muss und deshalb zu wenige Sammelbienen zur Verfügung stehen.

Wie sollte ein Kunstschwarm ausgestattet werden?

Es sollten möglichst rückstandsfreie Mittelwände verwendet werden oder man lässt die Völker von Haus aus mit Naturbau beginnen. Voraussetzung ist, dass sie genügend Futter und genug gesunde Bienen haben. Der Naturbau hat den Vorteil, dass der Imker von Beginn an sein eigenes Wachs hat und nicht mit den Altlasten aus zig Imkergenerationen oder sogar mit dem Risiko einer Wachsverfälschung fertig werden muss. Die Vorgehensweise ist ganz einfach: Man hängt Rähmchen mit Dreiecksleisten in die frischen Holzbeuten ein. Wichtig ist, dass die Bienen wissen, in welche Richtung sie bauen müssen. Diese ist durch die Oberleiste vorgegeben.

Wie stark sollte ein Kunstschwarm beim Kauf sein?

In Österreich gibt es momentan Förderungen für Imkerneueinsteiger beim Ankauf von Kunstschwärmen mit einer Reinzuchtkönigin in einer neuen Beute. Somit sollte die Seuchenfreiheit gewährleistet sein und dem Beginn mit einer guten sanftmütigen Königin, die obendrein noch volle Honigtöpfe bringt, nichts mehr im Wege stehen. Der Kunstschwarm muss auf alle Fälle gewichtsmäßig an das Monat, in dem er erstellt wird, angepasst sein. Anfang Juni, wenn es die ersten begatteten Reinzuchtköniginnen gibt, kann man durchaus noch Kunstschwärme mit 1,5 kg Bienen kaufen. Ende Juni 2 kg und ab Mitte Juli sollte der Kunstschwarm 2,5 kg Bienen haben, um mit einer ordentlichen Volksstärke einwintern zu können.

Bio-Mittelwände

In Naturbau gebaute Arbeiterinnenbrutwabe

VARROAGESCHWÄCHTE VÖLKER IM SOMMER ÜBERNEHMEN, WAS TUN?

Die Völker sollte man in so einer misslichen Lage in desinfizierte Beuten und auf neue Mittelwände setzen.

Während man die Bienen von den Brutwaben in die neue Beute einkehrt, besprüht man sie mit einem Oxalsäurepräparat. Ein paar Stunden später, wenn die Bienen von der Oxalsäurelösung getrocknet sind, werden sie umgehend mit mindestens 3 Litern Zuckerlösung gefüttert.

ÜBERWINTERTES VOLK ODER KUNSTSCHWARM – BEISPIELPREISE (STAND 2019)

Die Preise sind je nach Region und Bienenverfügbarkeit sehr unterschiedlich und abhängig von folgenden Faktoren:

- Pro besetzter Wabengasse: ab 10 €
- Reinzuchtkönigin ja/nein?
- Überwintertes Volk mit Reinzuchtkönigin und 8 besetzten ausgewinterten Wabengassen: 160–250 €.
- Überwintertes Volk mit standbegatteter Königin: 140–180 €.
- Brutableger mit 6 besetzten Waben und Wirtschaftskönigin während der Saison: ab 100 €.
- Kunstschwarm mit 7 besetzten Wabengassen und Reinzuchtkönigin: ab 120 €.

INFO!

Bei allen Kaufvarianten, sollte der Käufer eine Futterkranzprobenuntersuchung bzw. ein Gesundheitszeugnis vom Verkäufer verlangen.

ZUKAUF VON WABENMATERIAL

Vom Zukauf von Wabenmaterial ist dringendst abzuraten aufgrund möglicher Belastungen z. B. durch Sporen, Rückstände, etc. Falls man Waben geschenkt bekommt oder ein Imker die Bienenzucht beendet oder gar stirbt, sollte man sich dieser annehmen und in einem Behälter aus Edelstahl oder emailliertem Material einschmelzen. Dieses Gefäß sollte nicht für die eigene Bienenzucht oder nur zur Kerzenproduktion

Aus den alten Waben könnte man gezogene Kerzen machen.

Gezogene Christbaumkerzen

Gedrehte Kerze mit Sternanis

verwendet werden. Das Wachs sollte nie mit den Bienen in Kontakt kommen.

Das mag jetzt ein bisschen radikal klingen. Das Problem hier ist, dass Bienen, wenn sonst alles passt, auch sehr hohe giftige Rückstandsmengen aushalten. Das heißt, unter Umständen schädigt man sich schon mit 1 Kilo „geschenktem" Wachs den ganzen Wachskreislauf.

VERFÜTTERUNG VON HONIG UND ANDEREN FUTTERMITTELN (ZUGEKAUFTER HONIG)

Zugekaufter Honig könnte stark mit Sporen versetzt sein. Auch ist es abzulehnen, Blütenpollen an die Bienen zu verfüttern. Bis hin zu Rückständen von Behandlungsmitteln (Varroazide) und Antibiotika kann alles enthalten sein. Älterer oder stark erhitzter Honig wird auch bienengiftig. Wegen des erhöhten HMF-Wertes reduziert sich dann die Lebensdauer der Bienen. Hydroxymethylfurfural (HMF) entsteht in einem chemischen Prozess, wenn der Fruchtzucker mit den natürlichen Säuren im Honig oder in Futtermitteln reagiert. Je älter der Honig ist und je wärmer er gelagert oder je höher er erhitzt wurde, desto höher ist der HMF-Gehalt.

Weiters ist auch der Honigfutterteig auf Königinnenbelegstellen verboten, damit es nicht zur allgemeinen Ansteckung von Krankheiten kommt.

INFO!

Wird ein Volk, ein Ableger oder ein Begattungskästchen ausgeraubt, naschen alle mit und können sich anstecken, auch wenn der Imker es nicht unmittelbar bemerkt.

ANKAUF VON MASCHINEN, GERÄTEN, BEUTEN UND RÄHMCHEN

Wenn ein Neueinsteiger mit der Imkerei beginnt, empfehlen wir, mit einer Holzbeute anzufangen, weil diese naturgemäß leicht verfügbar, robust und auch grundsätzlich für einen zukünftigen Bio-Umstieg kompatibel ist. Man sollte aber darauf achten, dass die Holzbeuten entweder unbehandelt natur bleiben oder mit einer biologischen Lasur gestrichen werden.

Bei Gebrauchtgeräten, z. B. falls man günstig zu einer Honigschleuder kommt, muss diese dementsprechend desinfiziert werden. Zuerst wird die Schleuder heiß ausgewaschen und danach mit Desinfektionsspray, der auch in der Küche verwendet werden kann, ordentlich eingesprüht. Nach einer halben Stunde wird die Schleuder nochmals ausgewaschen. Dies gilt auch für alle Geräte, die aus Metall sind. Rähmchen und Beuten aus Styropor kann man in einer Natronlauge oder mit einer 6%igen Sodalösung desinfizieren. Dabei werden die Beuten in heißer Lauge mit einer Bürste gewaschen, wobei das Ätznatron Bienenwachs und Propolis verseifen lässt und sich beides von den Beuten löst. Beuten aus Holz werden mit einem Flämmgerät bearbeitet oder ebenfalls in heiße Natronlauge getaucht.

VERMEIDUNG VON FEHLERN IN DER VÖLKERFÜHRUNG

ERHALTUNG VON SCHWACHEN BIENENVÖLKERN

Es ist immer eine Frage der Situation, ob es sinnvoll ist, schwache Völker am Leben zu erhalten. Hat man nur ein paar wenige Völker, wird man versuchen, auch Schwache durchzubringen und im Laufe der Saison mit Bienen und Brut vor der großen Tracht zu verstärken. Hat man z. B. durch die Varroamilbe viele Völker verloren, kann man schwache Völker auch sanieren und auf starke über ein Absperrgitter aufsetzen. Ich würde dabei vorschlagen, die Waben des schwachen Volkes zu entfernen und auszuschmelzen und durch neue Waben zu ersetzen. Über dem starken Volk kommt ein durchlöchertes Papier, worauf das Absperrgitter gesetzt wird. Die Königin des schwachen Volkes wird über dem Absperrgitter des starken Volkes gekäfigt und auf neue Waben gesetzt. Nach und nach fressen sich die Bienen des unteren Volkes durch das Papier, gelangen in den oberen Raum und beginnen mit dem Ausfressen des Käfigs. Sobald die Königin frei ist, beginnt sie mit der Eiablage, denn in der Zwischenzeit sind eine Menge Bienen bereits von unten zu ihr gekommen. Nach 14 Tagen hat das einst schwache Volk schon 5–6 Brutwaben und kann nun wieder vom starken Volk getrennt werden. Hierbei muss man beachten, dass das obere Volk auf einen eigenen Bienenstand gebracht werden muss, da die Flugbienen sonst wieder dem eigentlichen Volk zufliegen würden und man wieder im Endeffekt ein schwaches Volk hat, dass noch dazu viel Brut hat. Es würde daher (durch das Fehlen der Flugbienen) zu einer Verkühlung der Brut kommen, da die Bienen die Brut nicht dementsprechend bewärmen können.

Hat man genügend Völker, kommt eine solche Sanierung nicht in Frage. Schwache Völker werden aufgelöst, indem man die Bienen einfach anderen Völkern vor die Fluglöcher kehrt. Ist man nicht sicher, ob die kleinen Völker an einer Brutkrankheit erkrankt sind, tötet man sie durch Abschwefeln (siehe auch Kapitel „Chemikalien in der Imkerei“, S. 154 ff.) ab oder man zieht einen Seuchenwart hinzu, der dann berät, was zu tun ist. Obendrein könnte man eine Futterkranzprobenuntersuchung machen lassen, um abzuklären, ob die Amerikanische Faulbrut mit im Spiel ist.

Abschwefeln eines schwachen Volkes

Am Abend werden nach dem Einstellen des Bienenfluges die Fluglöcher mit Schaumgummi verschlossen und dann die Bienen mit Flüssigschwefel abgetötet. Man hebt hierbei nur einen Zentimeter den Deckel an, führt das Röhrchen des Schwefelsprays ein und drückt 10 Sekunden auf den Auslöser. Danach schließt man den Stock, der eine Stunde verschlossen bleibt. Nach einer Stunde wird der Stock gelüftet, das Wabenmaterial ausgeschmolzen, die Beute desinfiziert und die ausgeschmolzenen Rähmchen verbrannt. Die toten Bienen werden in der Erde vergraben. Das ausgeschmolzene Bienenwachs sollte nur für Kerzen und nicht für die Bienen verwendet werden, da das Wachs Sporen einer Brutkrankheit beinhalten kann.

Abgeschwefeltes Volk

ALTERNATIVE: LAUFENDE VÖLKERERNEUERUNG

Durch regelmäßige, geplante Jungvolkbildung wird die Anreicherung von gesundheitsbelastenden Faktoren gestoppt. Ableger und Kunstschwarm bieten sich dafür an. Schwarmvorsorge mittels Brutentnahmen und Einengen bzw. Erweitern hilft auch weiter. Vor allem sollte man darauf achten, dass man immer genügend Jungvölker hat, um nicht in die Verlegenheit zu kommen, mit schwachen, weisellosen oder sonstwie kranken Völkern „herumexperimentieren" zu müssen.

Vorsicht beim Vereinigen von kranken mit gesunden Völkern

Unerfahrene Imker, die neu anfangen oder sich nie mit Brutkrankheiten befasst haben, vereinigen oft kranke mit gesunden Völkern. Hierbei wird das gesunde Volk angesteckt und das Dilemma nimmt seinen Lauf.

Ablegerbildung

Kunstschwarmbildung

Einschlagen des Kunstschwarmes

WABENHYGIENE

Waben sind quasi die Möbel des Bienenvolkes und enorm wichtig für den Gesundheitszustand der Bienen. Daher wäre es wichtig, den Wabenbestand mit den Völkern des eigenen Betriebes aus Naturbau oder zumindest bester Wachsqualität aufzubauen, um Gesundheitsrisiken zu vermeiden und aktive Krankheitsvorsorge zu betreiben.

In der Imkerei ist es das Um und Auf, in jeder Saison mindestens ein Drittel des Wabenbaues zu erneuern. Auch in den unbebrüteten Waben können sich manchmal Sporen der Amerikanischen Faulbrut befinden.

Ausgeschmolzene Altwaben

Mittelwände werden zugeschnitten.

Räuberei vermeiden – warum wurden früher dennoch Waben zum Ausschlecken im Freien deponiert?

Zum Glück ist diese Unart stark zurückgegangen. Früher war gebräuchlich, dass das Entdeckelungswachs nach dem Schleudern und auch die Honigschleuder im Freien den Bienen zum Ausschlecken überlassen wurden.

Die größte Dummheit, die man als Imker machen kann, ist allerdings, die Drohnenwaben den Bienen im Freien zugänglich zu machen, z. B. auf Bäume zu hängen. Hier passiert Folgendes: Durch das langsame Auskühlen der nichtbetreuten, noch lebenden Brut finden alle Bienenbrutkrankmacher (Parasiten, Viren, Bakterien, Pilze etc.) plötzlich paradiesische Zustände vor und vermehren sich explosionsartig. Wenn nicht gerade eine sehr seltene Rund-um-die-Uhr-Volltracht herrscht, finden Suchbienen zumindest die Reste der Waben und tragen sie in ihre Völker. Auch wenn die Völker selbst robust genug sind, um nicht klinisch krank zu werden, hat man schnell sehr viele Bienen, die voll mit Krankheitserregern ihren Sterbeflug antreten und viele Milben mehr im Stock.

Für Wildvögel ist die Brut zwar ein attraktives Eiweißfutter, doch die unregelmäßige Gabe größerer, sehr leicht verderblicher Futtermengen stört auch mehr, als sie nützt. Für die Honigbienen ist es eine wirklich kriminelle Aktion und auch Wildbienen, Hummeln etc. können Schaden daran nehmen.

Das Gleiche gilt natürlich auch für das bienenzugängliche Platzieren von Melezitosewaben im Freien. Melezitosehonig ist ein Waldhonig, der nach zwei Tagen im Stock bereits in den Waben kristallisiert und nicht mehr schleuderbar ist. Deshalb

Das Futter von dieser Brutwabe wurde von anderen Bienen ausgeräubert.

Diese Königin ist schon in die Jahre gekommen.

glauben unwissende Imker, dass sie durch das Aufhängen der Waben im Freien den Honig rückgewinnen können, wenn die Bienen die Waben beräubern und den Honig nach Hause tragen. Dabei, vor allem bei Trachtlosigkeit, kommt es zu großer Räuberei und die Bienenvölker werden schwächer, da sich viele Bienen beim Honigräubern entweder gegenseitig töten oder, noch schlimmer, Krankheiten mit dem Futter mit nach Hause nehmen.

Hier muss man auch sagen, dass sich die allgemeine Bienengesundheit in den letzten Jahrzehnten leider zum Schlechteren gewandt hat und heutzutage die Verbreitung von Krankheitserregern auch negativere Auswirkungen hat wie in der guten alten Zeit ...

ALTE KÖNIGINNEN

Bei älteren Königinnen über drei Jahre lässt die Pheromonproduktion nach. Die Königinnen lassen in der Legeleistung nach und bringen nur schwache Völker zusammen. Deshalb sollten die Königinnen nach spätestens drei Jahren ausgetauscht werden.

Generell gibt es auch die Tendenz, Königinnen auch keine drei Jahre mehr alt werden zu lassen. Im ersten Jahr bringt die Königin die beste Leistung, das eingelagerte Drohnensperma ist noch sehr vital und die Eigröße ist noch im optimalen Bereich. Auch die Ausfallswahrscheinlichkeit steigt nach dem ersten Jahr in Abhängigkeit von der Umgebungsbelastung an.

MANGELNDE HYGIENE

Die Reinigungsarbeiten beginnen schon im Winter, Beuten und Materialien werden für die kommende Saison vorbereitet. Beuten, Böden und Futtertröge werden abgeflämmt oder mit Natronlauge behandelt. Im Frühjahr tauscht man die Bodenbretter und flämmt die alten ab. Auf jeden Fall sollte man auch gebrauchte Beuten und Rähmchen vor Neubesetzung reinigen und desinfizieren.

Normalerweise schlägt die Varroamilbe von Ende Juli weg bis in den Winter hinein zu und tötet Völker ab. Leider passiert es immer wieder, dass abgestorbene Bienenstöcke mit dem vorhandenen Wabenmaterial inklusive stehengebliebener Brut und mit dem ganzen Winterfutter bienenleer und offen stehen bleiben.

Daher immer auf offene Fluglöcher ohne Bienenverkehr achten und sofort Konsequenzen ziehen – Flugloch verschließen, Beute wegräumen und Inhalt bienensicher verwahren!

Abflämmen aller Holzteile – auf die Bausperre nicht vergessen!

KRANKHEITSANZEICHEN BEACHTEN

Bei Routinekontrollen auch immer auf Anzeichen von Krankheiten achten!

Diese können sein:

- extrem langsame Frühjahrsentwicklung
- viele Krabbler (flugunfähige Bienen) am Boden oder nahe der Fluglöcher
- starker Totenfall
- Kahlfliegen speziell im Spätsommer (kranke Bienen treten ihren Sterbeflug an und nur die Königin mit wenigen Bienen sowie die Vorräte und die Brut verbleiben im Stock)
- Kotspuren auf Waben oder an der Beutenvorderfront
- Brutveränderungen, z. B. Schrotschussbrut, stehengebliebene Zellen, eingefallene Zelldeckel, propolisierte Zellränder

Brutkontrolle bei der Auswinterung

FUTTERVERSORGUNG

Eines der allerwichtigsten Elemente der Bienengesundheitsvorsorge stellt die ausreichende und abwechslungsreiche Futterversorgung dar. Als Imker sollte man dafür

Sorge tragen, dass jedes Bienenvolk zu jeder Zeit mindestens 5 kg hochwertigen Futtervorrat hat. Für die Überwinterung eignen sich Zuckerlösungen oder, noch besser, spezielle Futtersirupe für Bienen mit einem HMF-Gehalt bis 30 mg pro kg. Diese Bienenfuttersirupe strömen kaum Geruch aus und unterdrücken daher bis zu einem gewissen Grad die Räuberei. Rohzucker oder Honige mit hohem Aschegehalt (ballaststoffreich) sind ungeeignet. Während der Saison sollte man auch darauf achten, dass es, speziell bei geschiedeten Großwabenvölkern, in denen die Brut komprimiert wird, sodass die Bienen all ihren Honig über das Absperrgitter in den Honigraum tragen, zu keiner vollständigen Honigentnahme kommt und zumindest 5 kg Futter jederzeit für die Bienen zugänglich ist. Bei hartnäckigen Trachtlücken oder extremen Schlechtwetterperioden ist Notfüttern angesagt.

Im traditionell pollenreichen Mitteleuropa sollte es bezüglich Pollenversorgung kein großes Problem geben, aber unsere heutigen aufgeräumten Landschaften (blütenlose Wiesen, ständig gemähte Rasenflächen etc.) können speziell bei einer größeren Bienendichte der Bienengesundheit schon abträglich sein. Abhilfe können künstlich angelegte Bienenweiden sowie andere Standplätze liefern.

Ein reiches Pollenangebot führt zu vollen Bienenbrotwaben.

Bei Futtermangel im Winter kann diese Futterteigpackung entweder über das Spundloch, wie hier im Bild, oder direkt über die Bienentraube auf die Wabenoberträger aufgelegt werden.

BIENENWEIDE

Warum ist es sinnvoll, eine Bienenweide anzulegen? – Zur Bienengesundheitsvorsorge!

Wenn man als Imker Bienenweiden, also honig- und pollenliefernde Pflanzen, anbaut, um speziell zu Zeiten, an denen die umgebende Kulturlandschaft wenig Bienennahrung zu bieten hat, die Tracht sicherzustellen, dann betreibt man dadurch aktive Bienengesundheitsvorsorge. Ein möglichst durchgängiges Trachtband, das heißt, dass immer, wenn die Witterung einen Bienenflug erlaubt, Pollen und Nektar eingetragen werden können, führt zu einem kontinuierlichen Massenumsatz im Bienenstock und erleichtert es den Bienen, gesund zu bleiben.

DER VERARMUNG DER BLÜTENVIELFALT ENTGEGENWIRKEN

Durch die moderne Landwirtschaft (Monokulturen) und die moderne Gesellschaft (aufgeräumte Landschaft, versiegelte Flächen, Pestizideinsatz, Rasenmäher und Mulcher überall eingesetzt) gibt es ein wirklich kontinuierliches Trachtband nur mehr bei sehr wenigen Bienenstandorten. Vor ein paar Jahrzehnten, als Beikräuter noch Unkräuter hießen, Mulcher und Rasenmäher noch selten waren und Herbizide nur auf ausgewählten Feldern Verwendung fanden sowie Straßenböschungen noch wertvolles Futter für die privaten Haushasen darstellten, war das noch anders.

Falls man die Möglichkeit hat, kann man z. B. Bienenweide-Blühmischungen anpflanzen, für blütenreiche Magerwiesen sorgen oder auch Waldgebiete bienenfreundlich gestalten, indem man z. B. gezielt Hasel, verschiedene Weidenarten, Kirsche, alle Ahorngehölze, Apfel, Linde, Bienenbaum, Edelkastanie und andere Blühbäume fördert und von weniger bienenfreundlicher Konkurrenz befreit.

Biene besucht Salweidenblüte.

1) Kornelkirsche 2) Spitzahorn 3) Edelkastanienblüte 4) Akazie 5) Blütenfreundliche Waldgebiete

Um eine nachhaltige Verbesserung der Nahrungsversorgung lokaler Bestäuber zu erreichen, sollte man vor allem Samen von schon seit Jahrzehnten natürlich vorkommenden Pflanzen verwenden, ansonsten besteht natürlich die Gefahr, dass entweder die Pflanzen nach wenigen Jahren wieder verschwinden oder dass sie zu einer Plage werden.

Falls man in der Umgebung seiner Bienen weder Grund besitzt, zupachten oder kaufen kann, dann könnte man es entweder mit Guerilla-Gardening (Verschönerung grauer Innenstädte durch Ansaat von Blühpflanzen auf brachliegenden Flächen) oder dem Ausbringen von so genannten Samenbomben (Ton und Kompost mit einjährigen Blumensamen mischen und trocknen lassen) probieren und zusätzlich bei Behörden anregen, dass Verantwortliche für öffentliche Flächen etwas für das Bienenwohl tun, indem z. B. Blühbäume gepflanzt oder Bienenweiden angelegt werden.

NO-GOS FÜR BIENENWEIDEN

Es gibt auch Flächen, wo Bienenweiden kontraproduktiv sein können.

Ich habe einmal eine Blühmischung auf Eigengrund angelegt, der an einen Weingarten angrenzt. Dieser Weingarten ist dann während der Vegetationsperiode oft im Wochenrhythmus mit Pestiziden besprüht worden. Als ich bei den Bienen war, konnte ich dann öfter die zurückkommenden Sammelbienen vor den Bienenstöcken in allen möglichen Lagen zu Tode kommen sehen. Erst später erfuhr ich, dass es sich ganzjährig um eine insektizidhaltige Tankmischung handelte. Seitdem wächst auf diesen Flächen nur mehr Gras ...

Zu Flächen, wo besondere Gefahren für Bienen lauern, sollte man sie nicht noch extra hinlocken. Gebiete mit häufigem Abdrift oder Auswaschungen von Pflanzenschutzmitteln, Ackerstaub oder Flächen neben Autobahnen oder Schnellstraßen sollte man eher meiden.

Wenn möglich, könnte man aber eine nichtblühende Trennung anlegen, wie z. B.

eine Hainbuchenhecke praktisch als Windschutzgürtel, der die Abdrift von Pestiziden auffangen kann.

Blumen mit Erde zu kaufen, ist im Normalfall teuer und als Bienenweide zu meiden, weil die Pestizidbelastung schwer einschätzbar ist. Vor allem mit extrem langlebigen Neonics (Neonikotinoide) behandelte Topferde (damit die gut gedüngten, schönen Blumen keine Blattläuse bekommen) kann hier eine nachhaltige Gefahrenquelle darstellen. Außerdem gibt es hier das Problem des internationalen Handels. Das führt erstens dazu, dass Produzenten häufig den Pflanzenschutzmittel-Einsatz am oberen Limit halten, um die Gefahr eines geschäftsschädigenden Befalls mit Krankheiten oder Parasiten zu vermeiden. Zweitens kommt hier auch noch das Problem dazu, dass je nach Land/Region unterschiedliche Pflanzenschutzmittel zugelassen sind. Das heißt, dass importierte Topfpflanzen in Österreich nicht zugelassene Substanzen enthalten können, die im Extremfall auch zum Auftauchen unerlaubter Pestizide in Bienenprodukten führen können.

DIE „G'STETTN" (VERWILDERTE FLÄCHE) ALS BIENENWEIDE

Gute Erfahrungen habe ich auch mit ungepflanzten Bienenweiden gemacht. Auf einem kleinen Kartoffelfeld, wo ich den Kohlenstoffgehalt des Ackerbodens mit Grass-Holzschnitzel-Kompost stark angehoben und mit dem Verzicht auf Dünge- oder Pflanzenschutzmaßnahmen auch gefestigt habe, wachsen nach der Ernte Ackerbeikräuter, die bis in den späten Herbst und auch schon im zeitigen Frühling blühen. Auf einer gänzlich unbewirtschafteten Fläche am Waldesrand (vulgo G'stettn) habe ich auch gute Erfahrung mit Goldrute, Magerkräutern und Wiesenerdbeeren gemacht, die dort jahrelang ohne jegliche Betreuung gewachsen sind. Nach ein paar Jahren müsste man dann aber die Gehölze entfernen und den Boden wieder bearbeiten, wenn man keine Aufforstung betreiben will.

HERAUSFORDERUNG SOMMERTROCKENHEIT

In meiner Gegend, wie in vielen Gegenden in Mitteleuropa in den letzten Jahren, ist die Sommertrockenheit von Juni bis September eine große Herausforderung in puncto durchgängiges Trachtangebot für Bestäuber. Hier sind speziell tiefwurzelnde, trockenresistente Pflanzen gefragt. Ich habe mit Feldern von durchwachsene Sylphie, *Sida hermphrodita* und Riesenhonigklee (Weißer Steinklee) auch in Trockenzeiten schon starkbevölkerte Insekteninseln beobachten können.

HECKEN, BÖSCHUNGEN ODER UFERGEBÜSCHE

Diese kann man auch mit der Motorsäge derart bearbeiten, das sie zu guten, meist auch halbwegs trockenheitsresistenten Ergänzungen einer Bienenweide werden, vor

Goldrutenfeld

Phacelia

Riesenhonigklee

allem, wenn man schon etablierte, lokale Blühsträucher stärkt.

Ich schneide z. B. gezielt immer wieder aus einer Hainbuchenhecke die Hainbuchen heraus, bis sich Hasel, Hartriegel, Elsbeere, Weiden, Hagebutten, Pfaffenhütchen, Kornelkirsche, Weißdorn etc. dort etabliert haben.

BESUCHER DER BIENENWEIDEN

Als Imker schaut man dann auch öfters in die Blüten, weil man sich fragt, wer sich denn da alles so herumtreibt.

Je nach Wetterlage, Uhrzeit, Blütenzustand und Alter findet man dann unterschiedliche Besucher in den Blütenpflanzen. Bei ganz schlechtem Wetter oder, bevor die wirkliche Blüte beginnt, findet man meist nur Spinnen und andere Räuber und Parasiten, die es auf die Blütenbestäuber abgesehen haben.

Zeitig im Frühling sieht man auch sehr viele Hummelköniginnen und, wie auf diesem Bild, einen ganz dicken Brummer, nämlich die Holzbiene.

Bei schlechterem Wetter und Blüten findet man dann auch Käfer und Ameisen und bei schönerem Wetter kommen dann die Schwebfliegen, Wildbienen, Wespen und Honigbienen dazu.

Feld mit Durchwachsener Sylphie

Bienenweide mit Holzbiene und Hummel – diesmal nicht mit Samen gepflanzt: Taubnessel und Ackerunkräuter im Frühling, die von alleine wachsen und blühen, wenn man sie lässt. Auf ca. 400 m² habe ich Anfang April durchschnittlich drei Hummelköniginnen pro m² gezählt. Für Honigbienen war es noch zu kalt, während Wildbienen teilweise schon ab 4 °C fliegen.

WILDBIENEN

Neben den Honigbienen, die man als „Nutzbiene“ bezeichnen kann, weil sie, obwohl prinzipiell ein Wildtier, nur mehr sehr kurzzeitig ohne menschliche Betreuung überleben kann, sind in Österreich fast 700 Arten von tatsächlich wild lebenden Bienen bekannt. Diese nennt man daher Wildbienen. Weltweit gibt es zwischen 20.000 und 25.000 Wildbienenarten, je nach Quelle.

Nicht zu verwechseln sind Wildbienen mit wilden Honigbienen.

Solitärbiene auf einer Hand

WILDE HONIGBIENEN

Diese sind in unseren Breiten praktisch zumindest in den letzten Jahrzehnten nicht mehr vorhanden. Natürlich kann es vorkommen, dass ein Honigbienenschwarm in einem hohlen Baum, in einem Erd-, Felsloch oder Bauwerk ein oder zwei Jahre überlebt. Es wird auch öfter von jahre- oder jahrzehntelang von Honigbienen bevölkerten Behausungen berichtet. Hier handelt es sich bei genauerer Betrachtung um günstige Behausungen, die, sobald das alte Volk verstorben ist, wieder von einem neuen Schwarm besiedelt wird. Es macht daher den Anschein, dass es sich um ein und dasselbe Volk handeln könnte. Vom Standpunkt der Bienengesundheitsvorsorge sind solche Behausungen kritisch zu sehen, denn sie stellen potentielle Quellen von Bienenkrankheiten dar, die bei notwendigen flächendeckenden Bekämpfungsmaßnahmen selten gefunden werden. Als Imker versuche ich, diese Behausungen, falls irgendwie möglich, zu versiegeln, sobald die Bienen gestorben sind. Hier unterscheide ich aber zwischen Honigbienenbehausungen, die ich für Honigbienen uninteressant mache, und sonstigen Hohlräumen für Vögel, Hornissen, Hummeln. Diese fördere ich aktiv, indem ich z. B. größere Äste von freistehenden Bäumen schneide oder ältere hohle oder abgestorbene Bäume durch gezieltes Zurückschneiden möglichst lange in aufrechter Position halte.

Wildbienen sind meist sehr effektive, leistungsfähige Bestäuber. Es gibt viele

Spezialisten, die nur bestimmte Blüten als Nahrungsquelle nutzen. Generell sind sie weniger robust wie Honigbienen, da sie entweder nur wenige Individuen pro Einheit haben oder überhaupt Solitärbienen sind. Das heißt, selbst wenn bei den Honigbienen alle Flugbienen auf einmal getötet werden, dann gibt es Reserven aus Stockbienen und Jungbienen, die ihren Platz einnehmen können. Außerdem sind die männlichen Solitärbienen auch darauf angewiesen, sich ihren Nektar selbst von den Blüten zu holen, um dann in der Luft auf Weibchen zu warten. So sind sie viel empfindlicher auf Pestizidvergiftungen als Drohnen, die von dem bereits von den Honigsammelbienen und von den Stockbienen getesteten und aufbereiteten

Verhungerter Naturschwarm

Honig naschen. Außerdem kann man Honigbienen relativ gut helfen, weil sie sich sehr gut vom Menschen betreuen lassen und der Mensch sowohl in der Praxis als auch in der Theorie schon recht viel über Honigbienen weiß.

WILDBIENENZUCHT

Durch die ebenfalls mögliche kontrollierte Vermehrung werden z. B. auch Hummeln oder Mauerbienen von Menschen gezüchtet, um Bestäubungslücken, die sich in der modernen Landwirtschaft ergeben, zu schließen. Von der ökologischen Seite sind diese weltweit verschickten Hummelkästen oder Mauerbienenpuppen kritisch zu sehen, weil sie einerseits häufig Wegwerfprodukte sind und andererseits auch die natürliche Balance der bodenständig vorkommenden Bestäuber (z. B. durch Krankheitserreger) durcheinanderbringen können. Für das ökologische Gleichgewicht und die Vielfalt ist natürlich auch ihre leichte Vermehrbarkeit (speziell bei Hummeln, die künstlich 12 Monate im Jahr in einem großen Regallager vermehrt werden können) und ihre exakte zeitliche Planbarkeit für die Bestäubungsleistung (bei Mauerbienen durch die Lagertemperatur) eine Gefahr.

ZUSAMMENLEBEN DER WILDBIENEN

Zum Unterschied zu unseren Honigbienen, die in einem großen Staat mit einer Königin und vielen Arbeiterinnen den Superorganismus Bien bilden, gibt es verschiedene Arten des Zusammenlebens bei Wildbienen.

Den Honigbienen am ähnlichsten sind Hummeln und manche Arten von Furchenbienen.

Hier gibt es befruchtete Weibchen (Königinnen), die alleine überwintern und, sobald ihr Nachwuchs schlüpft, kleine Einheiten aus zwei Generationen und damit ein System mit Arbeitsteilung bilden. Höhere soziale Eigenschaften, wie z. B. Futteraustausch, kommen aber im Vergleich zur Honigbiene nur sehr selten vor.

Es gibt auch Arten, wo mehrere Weibchen ihre eigenen Nester nebeneinander anlegen oder ein großes Nest gemeinsam betreuen und bereits Arbeitsteilung (Eierlegerinnen und Arbeiterinnen) kennen, z. B. bei Mauer-, Sand- und Furchenbienen.

Dann gibt es noch die große Gruppe der Solitärbienen. Hier legt jedes Weibchen ein eigenes Nest an. Die Brutzellen sind mit Pollen und Nektar gefüllt, auf die dann ein Ei gelegt wird.

Kuckucksbienen wiederum legen ihre Eier in den Futtervorrat von fremden Brutzellen.

BIENENHOTELS

Bienenhotels haben sicher eine Berechtigung, um mehr Menschen auf die Wichtigkeit der Wildbienen aufmerksam zu machen bzw. um ihnen die Wildbienen näher zu bringen und sie als schützenswert zu erachten.

Aber dieser Boom, dass im Supermarkt damit geworben wird, dass man sich ein für die Bienen selbst meist völlig ungeeignetes „Bienenhotel" kauft, um damit „die Bienen" zu retten, ist sehr kritisch zu sehen. Wildbienen, die in guten „Bienenhotels" ihre Brut anlegen können, sind in den allermeisten Fällen nicht darauf angewiesen. Diese Langlöcher, die es hier gibt, findet die Biene auch in Dachziegeln, Gemäuer, durch Wurmlöcher im Bauholz etc. Dort haben sie meist den Vorteil, dass sie weit verstreut sind und keine solche „parasitenfreundliche" Anordnung auf ein paar Quadratzentimetern haben. Auch schlafen die meisten Wildbienenarten nicht im „Hotel", sondern auf Blüten, an Gräsern hängend etc.

In einem guten Insektenhotel sollten alle Löcher für die Brut schön abgerundet ins Hartholz gebohrt sein, um die empfindlichen Hautflügel der Weibchen nicht zu beschädigen. Die Löcher sollten zwischen 2 und 9 mm Durchmesser haben und nicht im Stirnholz gebohrt sein, um Risse zu vermeiden. Risse würden einerseits die Flügel gefährden und andererseits könnten parasitische Milben direkt von einer Brut zur anderen überwechseln. Der Nistplatz von Wildbienen sollte auch in unmittelbarer Nähe von einem möglichst ganzjährigen Trachtband (Honig- und Pollenangebot das ganze Jahr über), wie z. B. bei einer angepflanzten Bienenweide, liegen, weil Wildbienen nur einen sehr eingeschränkten Sammelradius (ca. 500 Meter) haben und nur wenig bis gar keine Vorräte für sich selbst anlegen. Die Honigbiene hat dagegen einen Flugradius von ca. 5 km und eine ausgeprägte Vorratshaltung.

Ein Bienenhotel sollte auch:

- nicht direkt in der Sonne liegen, um Überhitzung zu vermeiden,
- vor Regen und Spritzwasser geschützt sein, um Schimmel vorzubeugen,
- ca. 1 Meter vom Boden entfernt aufgehängt und gegen Ameisen geschützt sein,
- vor Pflanzenschutzmitteln geschützt sein, denn Wildbienen sind deutlich empfindlicher als Honigbienen,
- sich an einer Mauer, Hecke oder Ähnlichem befinden, denn Bienen brauchen Orientierungsflächen,
- nicht zu groß werden, um kein „Parasitenhotel" zu werden,
- im Abstand von ca. 10 cm vor den Locheingängen der Brutzellen mit Hasengitter vor Vögeln geschützt werden.

WILDBIENEN HELFEN

So wie bei den meisten Insekten haben auch die bisher recht wenig beachteten Bestände der Wildbienen in den letzten Jahrzehnten sehr gelitten, sodass man sich schon fragen muss, zu welchem Prozentsatz sie ihre natürliche Bestäuberfunktion im Ökosystem noch erfüllen können.[xi]

Wenn man Bienen wirklich fördern und ihnen helfen will, sollte man einerseits für ein möglichst pestizidarmes, vielfältiges, durchgehendes Trachtband in ihrer Umgebung sorgen und andererseits auch Wildbienen Nistmöglichkeiten sowohl in der Erde (z. B. lehmsandige, ganzjährig offene Bereiche) als auch in morschem Holz (z. B. totes, altes halbsonnig stehendes Holz), in markhaltigen Pflanzenstängeln, alten Schneckenhäusern, Hohlräumen, Gestein, Felsen oder Baumstämmen zur Verfügung stellen.

PARASITEN DER WILDBIENEN

Wildbienen existieren schon weit länger als unsere Honigbiene und haben im Laufe ihres erfolgreichen Daseins während der Evolution zahlreiche Parasiten angesammelt.

- Das Foto (oben Mitte) zeigt eine Wildbiene mit Milben auf dem Rücken, die auf einem Bienenstockdeckel sitzt: Diese Milben steigen erst in den Bruthöhlen von ihrem Transporteur und parasitieren von den Futtervorräten der Bienenbrut.
- Der schwarze Maiwurm ist ein Parasit von solitären Bienen bzw. deren Kuckucksbienen.
- Es gibt aber auch viele Parasiten (z. B. Wespen, Käfer, Taufliegen etc.), die zum Nistplatz der weiblichen Solitärbienen fliegen, sich dort auf die Lauer legen und immer, wenn das Weibchen Futternachschub holt, unbemerkt ihre Eier in die Niströhre legen oder, sobald eine Niströhre verschlossen ist, ein kleines Loch hineinbohren und so ihrem Nachwuchs Zugang zur Niströhre verschaffen.

1) Nesthöhle einer Holzbiene 2) Solitärbiene mit Milben 3) Schwarzblauer Ölkäfer oder Schwarzer Maiwurm: Dieses Exemplar war eines von sehr vielen, die ich auf einer von mir gepflanzten Bienenweide sah, als ich mittels Heumulch die frischgepflanzten Sidasetzlinge vor dem Austrocknen und vor der Konkurrenz der Gräser geschützt habe.

BAKTERIEN, VIREN UND PARASITEN DER HONIGBIENE

Alle drei haben heutzutage allgemein ein sehr negatives Image als Krankmacher und Plagegeister. Sie haben aber auch eine andere Seite: Als Helfer und sogar Bestandteile menschlicher und tierischer Existenz haben sie Immunsysteme aufgebaut und entwickelt. Sie haben auch die Evolution auf dem Planeten Erde vorangetrieben und beschleunigt. Sie sorgten dafür, dass Evolutionsstufen, die ihrer Umgebung schlecht angepasst waren, schneller entfernt wurden, um Platz für weitere Evolutionsschritte oder manchmal auch nur angepasstere Evolutionsstufen zu machen.

VARROOSE

WIE KAM DIE MILBE AUF UNSERE BIENEN?

Die ersten Vorfahren unserer Honigbienen gab es vor ca. 100 Millionen Jahren. Damals entstanden die ersten Pflanzen, die Insektenbestäubung durch die Bereitstellung von Pollen und Nektar förderten. Es folgte eine evolutionäre Erfolgsgeschichte für Pflanzen und Bestäuber. Vor ca. 6 Millionen Jahren kam es dann vermutlich zur Aufspaltung der Östlichen (*Apis ceranae*) und der Westlichen (*Apis melifera*) Honigbiene[xii]. Der Grund dafür war möglicherweise die geographische Trennung, denn die Östlich-Asiatische Honigbiene gab es nur von Japan bis Pakistan bzw. von Südwestrussland bis Indonesien. Die Westliche Honigbiene gab es nur in Europa, Afrika und Westasien. Wegen ihrer ausgeprägten Vorratshaltung (Honigleistung!) und ihrer viel besseren Bearbeitbarkeit wurde die Westliche Honigbiene vom Menschen beinahe weltweit verbreitet – auch in das Gebiet der Östlich-Asiatischen Honigbiene. Durch die enge Verwandtschaft kommt es zu beidseitigen Fehlpaarungen und Königinnenverlusten, denn das System der Drohnensammelplätze und die Attraktivität von Jungköniginnen sind noch sehr ähnlich. Eine Hybridisierung der beiden Arten ist auch bei künstlicher Befruchtung nicht möglich, denn die befruchtete Larve stirbt innerhalb ihrer ersten Lebensstunden.

Ein weit größerer Nachteil der gemeinsamen Haltung der Östlichen und Westlichen Honigbiene, sollte erst ca. 1950 auftreten:

Der vom Menschen erst 1904 auf Java, Indonesien, entdeckte Befall der Asiatischen Honigbiene durch die Varroamilbe breitete sich auch auf die Westliche Honigbiene aus ...

Der Ursprungswirt der Varroamilbe – die Östliche Honigbiene

Die Östliche Honigbiene wird vermutlich schon seit Jahrmillionen von der Varroa-

Blick in einen geflochtenen, mit Lehm verschmierten Korb, der als traditionelle Bienenbehausung für die lokale Östliche Honigbiene verwendet wird. Chang Mai, Thailand

milbe parasitiert. Ihre gemeinsame evolutionäre Entwicklung mit der Varroamilbe dauert bis heute an.

Ihr stark ausgeprägtes Hygieneverhalten lässt sie wenig Schaden durch die Varroamilbe nehmen:

- Die Östlichen Honigbienen putzen sich selbst und sich gegenseitig sehr intensiv und effizient – Parasiten, wie die Milbe, werden gnadenlos mit den Mandibeln totgebissen.[xiii]
- Die Verdeckelungsdauer[xiv] der Arbeiterinnenbrut bei der Asiatischen Honigbiene ist um einen Tag kürzer, daher ist eine erfolgreiche Vermehrung der Varroa auch schon von daher seltener.
- Die Östliche Honigbiene ist auch in der Lage, die Milbe in verdeckelten Brutzellen sehr gut zu riechen, und daher wird sie aus der Arbeiterinnenbrut mit sehr hoher Wahrscheinlichkeit und auch sehr schnell ausgeräumt.
- Falls dies nicht passiert, verlangsamt sich durch ein giftiges Eiweiß im Varroaspeichel[xv] ihre Entwicklung extrem, die Puppe stirbt im Normalfall und wird dann gemeinsam mit der oft ebenfalls gestorbenen Milbenbrut entfernt.
- Die Milbe vermehrt sich daher beinahe ausschließlich in der Drohnenbrut.
- Mehrfach befallene Zellen der Drohnenbrut werden regelrecht „eingesargt“, das heißt, dauerhaft verschlossen, bis auch die Milben tot sind.[xvi]
- Falls eine Drohnenzelle ihre Parasitierung überlebt, fällt diese Drohne aus dem Fortpflanzungszyklus, weil sie ihr ganzes Leben lang nur ein schwacher Kümmerling bleibt. Das heißt, es setzt sich nur das Erbmaterial wenig parasitierter Völker durch, stellt daher, speziell über Jahrmillionen betrachtet, eine effiziente, natürliche Varroaresistenzzucht dar.
- Die Östliche Honigbiene pflegt nur für sehr kurze Zeiträume (teilweise nur ein paar Monate pro Jahr) Drohnenbrut im Volk. Daher muss der Parasit in kurzer Zeit viel Nachwuchs produzieren und den Großteil des Jahres, ohne aufzufallen, irgendwie überleben, um nicht auszusterben.
- Das so genannte „Absconding“ (Nestflucht aller erwachsenen Bienen inkl. Königin) stellt auch eine sehr große Herausforderung an den Überlebenswillen der Varroamilbe dar. Der Großteil der Östlichen Honigbienen folgt dem Nahrungsangebot und lebt immer nur für kurze Phasen stationär. Falls eine Tracht weniger wird oder es einem Volk schlecht geht, passiert es sehr häufig, dass die gesamte Brut in allen Stadien, der Wabenbau und die Vorräte einfach verlassen und die Waben innerhalb von Stunden von Ameisen, Wachsmotten und anderen Tieren komplett ausgeräumt werden. Auch ursprüngliche Formen der Imkerei nutzen dieses „Nestflucht“-Verhalten. Der Imker öffnet die Klotzbeute mit Raucheinsatz zu Trachtende und viele Völker braucht er gar nicht abzukehren, denn sie verlassen die Waben, fliegen als Schwarm in Richtung nächster Tracht und bauen dort ein neues Volk auf. Im Wesentlichen braucht ein Imker dort nur vor der Tracht passende Hohlräume in attraktiver Lage anzubieten, zu warten, bis ein Bienenvolk einzieht, und rechtzeitig bei Trachtende abzuernten, bevor das Volk von alleine abfliegt. Östliche Bienen mit ausgeprägtem „Nestflucht“-Verhalten bleiben immer nur so lange, bis weiter weg eine neue Tracht beginnt, eine Notsituation eintritt, manchmal auch bis eine Regen- oder Trockenzeit vorüber ist, und dann beginnt wieder ein neuer Zyklus.

Wenn man sich dieses Verhalten der Östlichen Honigbiene im Umgang mit der Varroamilbe vor Augen hält, versteht man auch, warum Erfolge der so genannten Varroaresistenzzucht trotz mittlerweile 30-jähriger Arbeit bei der Westlichen Honigbiene nicht selbstverständlich sind.

VARROAMILBE AUF UNSERER (WESTLICHEN) HONIGBIENE

Aufgrund von genetischen Untersuchungen vermutet man, dass es nur ganz wenige Milbenindividuen waren, die diesen Wirtswechsel auf die Westliche Honigbiene vollzogen haben. Weitere genetische Untersuchungen brachten auch verschiedene Spezies von Varroamilben zutage. Diese Spezies der Varroamilbe wurden nach der ursprünglichen Heimat, wo sie auf der Östlichen Honigbiene natürlich vorkommen, benannt. Nur die Spezies Japan/Thailand und Korea schafften den Übergang von der Östlichen zur Westlichen Honigbiene. Die Korea-Spezies ist weltweit verbreitet und sehr aggressiv. Die Japan/Thailand-Spezies war anfänglich hauptsächlich in Japan, Thailand und Amerika zu finden, und weil ihre Ausbreitung relativ langsam verlief, wurde sie mehr und mehr durch die aggressivere Korea-Spezies verdrängt.

Die Varroamilben, die heute auf den Westlichen Honigbienen zu finden sind, nennt man *Varroa destructor*. Die Westliche Honigbiene ist dieser Spezies der Varroamilbe beinahe schutzlos ausgeliefert und kann nur durch imkerliches Eingreifen als wertvoller Bestäuber und Honiglieferant erhalten werden. *Varroa destructor* wurde 1977 durch ein Bieneninstitut nach Deutschland gebracht und hat sich seitdem zur größten Bedrohung der kommerziellen Bienenzucht in Europa und in weiterer Folge auch weltweit entwickelt. Die konventionelle Bekämpfung der Varroamilbe erfolgte anfangs mittels Einbringung synthetischer

Biene mit Varroamilbe in aufsitzender Position. Zwischen den Bauchsegmenten ist die Milbe perfekt geschützt

Akarizide in den Bienenstock. Das führt wiederum zum Problem der Anreicherung dieser Substanzen sowohl im Honig als auch im Bienenwachs, Propolis und anderen Bienenprodukten. Diese für die Varroamilben nicht tödliche Konzentration der so genannten Akarizide im Bienenstock, die das ganze Jahr lang vorhanden sind, bewirken natürlich auch, dass sich die Varroamilbe an diese Substanzen gewöhnt und eine Behandlung mittels dieser Substanzen recht schnell ihre Wirksamkeit verliert (Resistenz!).

Die Ausbreitung der Varroamilbe und die Bienenwissenschaft

Die Varroamilbe wurde nach Deutschland gebracht und 1977 an den heimischen Institutsvölkern des Bieneninstituts in Oberursel offiziell nachgewiesen.

Speziell nach dem Zweiten Weltkrieg gab es große Fortschritte auf dem Gebiet der Bienenwissenschaft. 1964 übernahm der angesehene Prof. Ruttner die Leitung des Bieneninstitutes in Oberursel.

In den 1960er- und Anfang der 1970er-Jahre stellte das Institut an verschiedenen Stellen in Mitteleuropa Asiatische Honigbienenvölker[xvii] aus verschiedenen Teilen Asiens auf, um das Paarungsverhalten der Jungköniginnen zu beobachten. Man kann daher nicht ausschließen, dass es Varroamilben und die noch viel gefährlicheren Tropilaelapsmilben schon in den 1960ern in Europa gab. Glücklicherweise haben sie hier die Asiatische Honigbiene trotz der jahrelangen intensiven Kreuzungsversuche nicht verlassen!

Bereits im Jahr 1967 gab es ein Referat eines russischen Wissenschaftlers[xviii], der dabei von enormen Verlusten durch eine gefährliche Milbenkrankheit in Sibirien sprach.

Schon davor, ab 1964/65, wurde durch mit Milben parasitierte, verschickte Bienenköniginnen die Ausbreitung in Bulgarien und in den angrenzenden Staaten eingeleitet.

Man muss diese Fakten aber mit den Gegebenheiten der damaligen Zeit sehen. Seit Columbus in Amerika und Marco Polo in Asien war, wurde von den Handelsschiffen ohne viel schlechtes Gewissen alles Transportierbare hin- und herbefördert. Man kann also mit an Sicherheit grenzender Wahrscheinlichkeit davon ausgehen, dass die Varroamilbe auch ohne Mithilfe durch das Bieneninstitut in Oberursel ihren weltweiten Siegeszug angetreten hätte.

Heutzutage hat man zwar schon ein gesteigertes Problembewusstsein aus den Ereignissen der Vergangenheit entwickelt, aber wenn man sich die Geschwindigkeit und die Menge der Warenströme heutzutage anschaut, wird die Verbreitung immer mehr und immer schneller!

Dass der Bienentransport auch in der „guten alten Zeit" nicht ganz unbekannt war, kann man schon in einem Buch aus dem Jahr 1866 (Gottfried Wöhrle: Unterricht in der Bienenzucht) lesen:

„Ist es gleich, ob man deutsche oder andere Bienen hält?

Die ägyptische Biene wird sich bei uns kaum allgemein verbreiten die chinesischen sind bei uns noch zu wenig bekannt die italienischen aber sind in Deutschland seit Jahren sehr verbreitet und werden allgemein gelobt, ja den deutschen vorgezogen." [xix]

Die Wissenschaft und die Bienen heute

Seit der weltweiten Ausbreitung der Varroamilbe und speziell seit 2006, von den USA ausgehend, das Phänomen des Colony Colapse Disorders weltweit bekannt wurde, gibt es jedes Jahr unzählige wissenschaftliche Studien über die Honigbiene. Wenn man diese durcharbeitet, bekommt man aber irgendwie auch das Gefühl, dass es hier so ähnlich läuft, wie wenn ein paar Imker diskutieren: Drei Imker haben vier Meinungen (mindestens)! Warum das so ist, hängt aber auch zu einem Gutteil mit den Bienen selbst zusammen: Sie haben eine Millionenjahre andauernde evolutionäre Entwicklung hinter sich gebracht, ohne auszusterben, haben daher schon praktisch alles erlebt und vor allem auch überlebt. Dieses komplexe System ist vom Menschen nicht leicht durchschaubar und wird daher in alle möglichen Richtungen interpretiert:

In wissenschaftlichen Bienenstudien gibt es viele Kennzahlen, Grenzwerte etc., die je nach Autor, Studienjahr, Umgebung, Kontinent, kulturellem Hintergrund etc. variieren. Dies muss jetzt nicht heißen, dass hier viele bewusst etwas Falsches verbreiten möchten, sondern hat in den meisten Fällen ganz „unspektakuläre" Ursachen. Schon bei den Laborversuchen mit gekäfigten Bienen gibt es große Unterschiede. Einen großen Unterschied macht es, ob frisch geschlüpfte Bienen, drei Tage alte Bienen, einfach von einer Brut- oder Honigwabe runtergekehrte Bienen oder ob z. B. junge Winterbienen genommen werden oder Bienen, die schon gewisse Gewöhnungseffekte an den zu untersuchenden Wirkstoff aufweisen.

Der eine Wissenschaftler möchte vielleicht ein realistisches Bild abbilden und nimmt daher die zufällig von der Wabe abgekehrten Bienen. Ein anderer will eine bessere Vergleichbarkeit und nimmt drei Tage alte Bienen etc.

Das Futter, das sie bekommen, macht auch einen großen Unterschied. Speziell junge Bienen müssen auch noch Pollen (Herkunfts- und Qualitätsunterschiede) gefüttert bekommen, um ihre Drüsen zu entwickeln. In manchen Ländern wird üblicherweise auch Höselhefe oder Sojamehl als Pollenersatzstoff genommen. In vielen Studien werden viele Details nicht veröffentlicht. Daher gibt es auch in den Ergebnissen manchmal recht große Unterschiede, ohne dass man diese wirklich benennen könnte.

Zum Beispiel gibt es bei den Bienenvergiftungen daher öfters unterschiedliche und auch zeitlich veränderliche Grenzwerte. Bei heute verwendeten Insektiziden gibt es ein breites Spektrum von ausgelösten Folgewirkungen und Symptomen. Dies sieht man auch bei der Ermittlung der LD50-Werte (Letale Dosis 50 %), das heißt, bei welcher Dosis 50 % der untersuchten Bienen verstorben sind. Bei Bienen ist das nicht so einfach, denn sie haben keinen Puls und keinen spürbaren Atem, also wann sind sie wirklich tot, wenn sie noch mit einem Bein zucken, sind sie dann hirntot? Wenn sie sich einen Tag lang nicht mehr rühren? Aber was passiert, wenn sie nach zwei Tagen regungslos für ein paar Stunden aufwachen, um dann endgültig zu versterben?

Kennzahlen sind zwar recht praktisch zum Vergleichen. In vielen Fällen sind aber die wirklich interessanten Informationen nicht mehr enthalten und die Kennzahl kann die Realität auch nur mehr bedingt abbilden.

Ein anderes Beispiel ist die Ernährung der Varroamilbe. Seit Jahrzehnten liest man, dass sich die Varroamilbe vom Bienenblut (Hämolymphe) ernährt – bis zum Jahr 2016, als ein junger, amerikanischer Wissenschaftler (Ramsey)[xx] durch seine Versuche feststellt, dass die Milbe sich vom Fettkörper der Biene/Puppe/Larve ernährt, und dies auch in Fachpublikationen veröffentlicht.

Varroen auf einer Drohnenpuppe

Seit damals gibt es einige Studien, die schreiben, dass sich die Milbe vom Fettkörper ernährt, einige schreiben noch immer von der Hämolymphe und einige lassen die Ernährung der Milbe seit dieser Veröffentlichung einfach weg. Interessant ist auch, dass es schon viele Studien gab, die sich mit der Ernährung der Milbe beschäftigt haben. Eine Studie aus dem Jahr 2013 beschäftigt sich mit der künstlichen Fütterung der Varroamilbe durch eine Chitosanmembran[xxi]. Bereits 1988 gab es eine Studie[xxii] über die Milbenfütterung mit künstlichem und natürlichem Futter im Labor. Während das natürliche Futter einfach dort aus einer Bienenpuppe rausgesaugt wurde, wo die Milbe es auch tun würde, war das künstliche eine spannende Mischung aus vielen Zutaten von Hühnereibestandteilen, Gelatine, Cholesterin, Hefe etc. Diese so gefütterten Milben legten sogar Eier, nur die Nymphenstadien entwickelten sich nicht weiter und verstarben. Aus dem Jahr 2018 gibt es auch eine Studie[xxiii], die sich mit dem Stoffwechsel der Milbe beschäftigt, die aus dem Varroakot schlussfolgert, dass die Ernährung der Milbe altersabhängig sein muss, denn der Kot einer jungen Milbe besteht hauptsächlich aus Guanin (Eiweißabbauprodukt), während eine alte Milbe kaum noch Guanin im Kot aufweist.

Man bekommt hier den Eindruck, dass es einerseits nicht so genau genommen wird mit Hämolymphe mit oder ohne Zusatz, und irgendwie erinnert es auch wieder an Imkerdiskussionen von drei Imkern mit vier Meinungen oder so ähnlich.

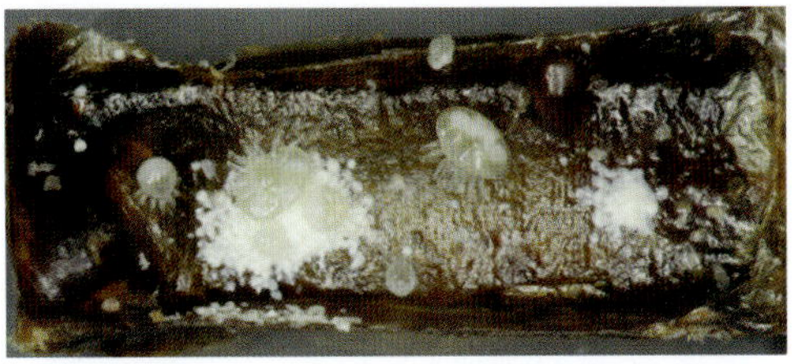

Varroenfamilien auf der Seitenzellwand einer beinahe schlupfreifen Puppe (diese wurde entfernt)

DIE ANATOMIE DER VARROAMILBE

Ein erwachsenes Varroamilbenweibchen ist 1,1 mm lang und 1,6 mm breit, weist eine rötlich braune Färbung auf und ist dicht mit Borsten bedeckt. Ihr harter Panzer ist mit einer Schicht überzogen, die den Geruch der Wirtsbiene annimmt. Er schützt sie daher recht gut vor aggressivem Verhalten von Seiten der Honigbiene. Sie besitzt vier Beinpaare. Jedes dieser Beinpaare ist am Ende mit Haftlappen versehen, die es dem Milbenweibchen ermöglichen, sich schnell und sicher am Hinterleib der Biene festzuhalten. Ihr Körper ist extrem flach und nach oben gewölbt, um zwischen den Hinterleibssegmenten der Biene gut leben zu können und um sich vor der Verdeckelung zwischen

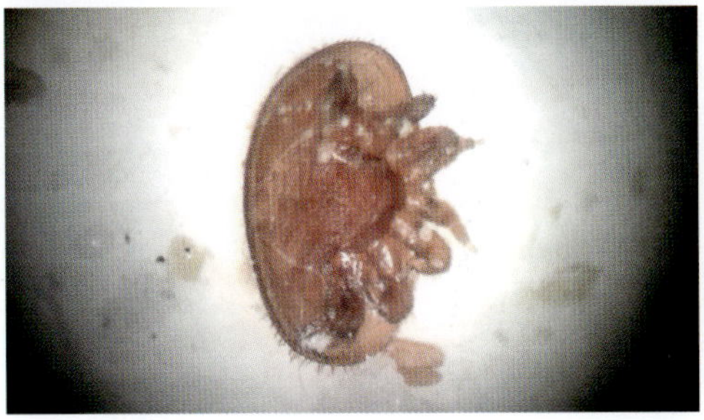

Varroamilbe von unten

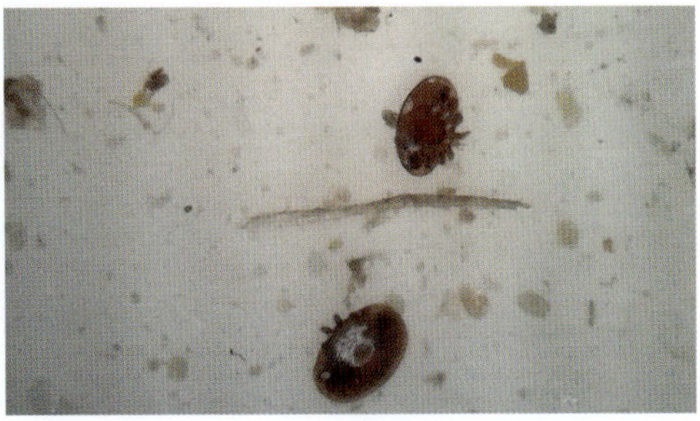

Varroamilben auf der Stockwindel

Rundlarve und Zellwand hindurchzwängen und damit einen neuen Fortpflanzungszyklus beginnen zu können. Die vorderen Laufbeine tragen Geruchs- und Tastorgane. Die Mundwerkzeuge dienen der Milbe zum Anstechen der dünnwandigen Zwischenringtaschen der erwachsenen Biene und auch der Bienenlarve, um ihre Nahrung zu saugen. Dort findet sie auch die weichsten Stellen im Chitinpanzer, die sie durchsticht, um vom Fett-Eiweißkörper ihres Wirtes zu saugen. Der Fett-Eiweißkörper ist vergleichbar mit der Leber eines Menschen. Im Vergleich mit ihrem Wirt ist die Varroamilbe relativ groß – das Verhältnis ist in etwa so, wie wenn ein Mensch einen hasengroßen Werwolf am Bauch kleben hätte, der ihm die Leber heraussaugt …

Das Milbenmännchen ist beinahe rund mit 0,8 mm Durchmesser.

Da das Männchen nur innerhalb der parasitierten Brutzelle lebt, ist sein Panzer weich und viel heller als der des Weibchens.

Die Mundwerkzeuge der Männchen sind röhrenförmig, um das Spermienpaket auf das Weibchen übertragen zu können.

Die Beine sind im Verhältnis zur Körpergröße deutlich länger.

Die Eier der Varroamilbe sind weiß, oval, ca. 0,30 x 0,23 mm groß und werden einzeln an die Seitenwand der Brutzelle geklebt. Im Vergleich zum Körpervolumen der Muttermilbe sind die Eier riesig.

Varroen in Drohnenbrut

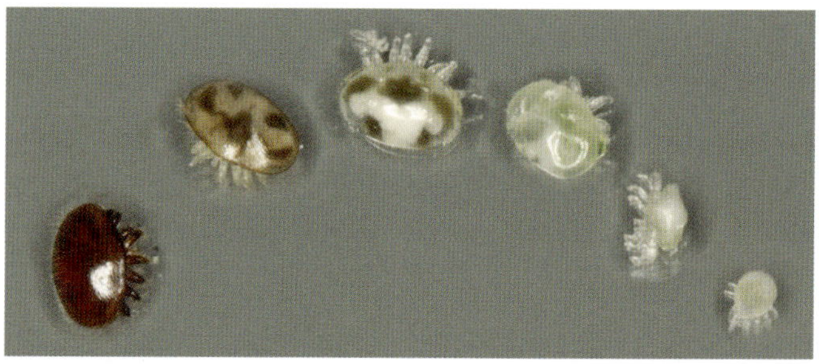

Entwicklungsstufen der weiblichen Varroamilbe und ein Milbenmännchen

Milbe auf Drohnenpuppe

Ein Milbenmännchen und ein Ei auf der Zellwand.

FORTPFLANZUNG DER VARROAMILBE

Zur Vermehrung steigt die Milbe kurz vor der Verdeckelung in eine Brutzelle, wobei Drohnenbrut ungefähr 9-Mal lieber genommen wird als Arbeiterinnenbrut. Zuerst lässt sie sich von einer Ammenbiene über entsprechend reife Brut bringen. Dies erkennt die Milbe mittels ihrer Sinnesorgane für Temperatur, Luftfeuchtigkeit und Geruch. Die Pheromone die die Bienenlarven zur Kommunikation mit den Ammenbienen abgeben (vergleichbar mit dem Schreien von Babys) riecht auch die Varroamilbe und erkennt daraus den richtigen Zeitpunkt, um in eine Brutzelle zu steigen.

Sie verlässt also die Enge des Zwischenraumes der Hinterleibssegmente der Ammenbiene, zwängt sich zwischen Zellwand und Rundlarve und taucht in den Larvenfuttersaft am Zellboden, um nicht von der Ammenbiene entdeckt und entfernt zu werden.

Sobald der Futtersaft aufgefressen und das Nymphenhäutchen fertig gesponnen ist, saugt die Milbe ihre erste Mahlzeit aus seinem Opfer aus einer Bissstelle am Bauch der Puppe. 60 Stunden nach der ersten Mahlzeit legt sie ihr erstes Ei, aus dem immer die männliche Varroamilbe schlüpft. Danach legt sie noch alle 30 Stunden insgesamt 3–5 Stück weibliche Eier. Das Männchen lebt nur in der verdeckelten Zelle, saugt von der Bienenpuppe oder begattet seine Schwestern am Familienkotplatz.

Sobald die Jungbiene schlüpft, verlassen die Muttermilbe und eine (bei der Drohne bis zu drei) begattete Varroamilbe(n) die Zelle. Sie steigen bevorzugt auf eine möglichst gesunde Ammenbiene, schieben sich zwischen zwei Hinterleibssegmente und beginnen ihren Reifungsfraß. Während der Brutzeit dauert der Reifungsfraß durchschnittlich 4–11 Tage, im Winter können es auch 6 Monate werden. In wissenschaftlichen Versuchen wurde die Reifungsfraß-Phase übersprungen und die Muttermilben wurden nach dem Schlupf der Wirtsbiene sofort wieder in eine neue Brutzelle gesteckt, was zu einer verminderten Anzahl von Eiern der Muttermilbe führte. Unbegattete Weibchen und die männliche Varroamilbe sind außerhalb der Brutzelle nicht lebensfähig, denn durch die nicht ausgehärtete Panzerung vertrocknen sie sehr schnell.

Als Imker sieht man die Varroamilbe normalerweise nur, wenn sie schon tot ist (auf

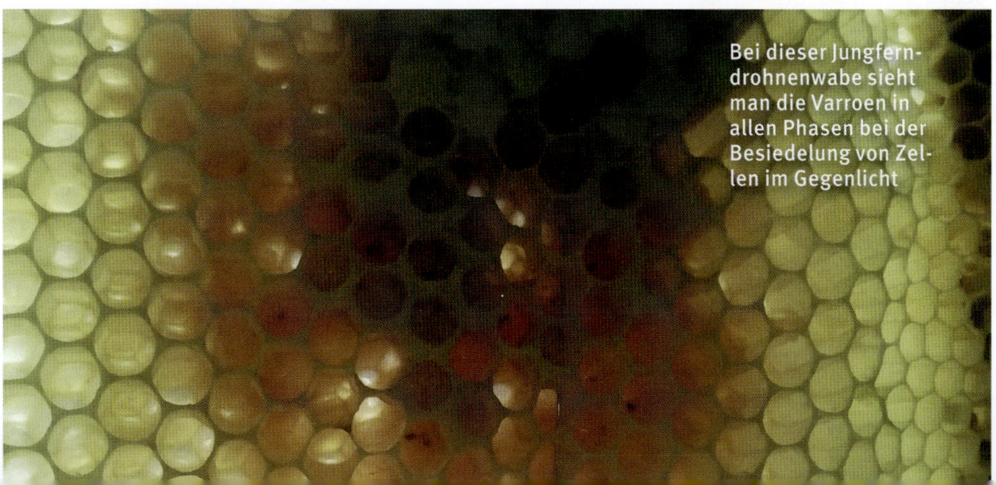

Bei dieser Jungferndrohnenwabe sieht man die Varroen in allen Phasen bei der Besiedelung von Zellen im Gegenlicht

der Stockwindel, einer hellen Platte unter dem Gitterboden, auf der aller kleinteiliger Abfall aus dem Bienenstock landet), gerade dabei ist, ihren Wirt zu wechseln (auf dem Bienenrücken kletternd) oder in der Vermehrungsphase (beim Öffnen von verdeckelter Brut):

- In der Wirtswechsel-Phase klettert sie auf die Körperoberfläche der Biene und streckt ein Bein in die Luft, um nach einer neuen Wirtsbiene Ausschau zu halten.
- Durch Öffnen der verdeckelten Drohnenbrut kann man sie relativ leicht in der Vermehrungsphase sehen.
- Falls man einen Gitterboden und eine Stockeinlage verwendet, kann man den natürlichen Totenfall bzw. den Erfolg einer Varroabehandlung kontrollieren.

VERBREITUNG: WIE KOMMT DIE VARROAMILBE VON EINEM BIENENVOLK ZUM NÄCHSTEN?

- Durch Umhängen verdeckelter Brutwaben z. B. zum Verstärken schwächerer Völker durch den Imker.
- Durch Ableger: Vor allem durch schwach gebildete oder Brutableger mit wenig besetzten Brutwaben. Hier gibt es ein erhöhtes Risiko von schlecht betreuter Brut. Speziell verminderte Brutnesttemperaturen führen zur Verlängerung der Entwicklungszeit der Bienenbrut und somit reift mehr Milbennachwuchs.
- Durch Schwärme: Wobei normale Schwärme eine kleinere Befallsrate haben. In sehr seltenen Fällen kann es auch zu „Hungerschwärmen“ oder „Fluchtschwärmen“ kommen, die auch eine hohe Anzahl von Varroen mit sich führen können.
- Durch Wanderungen: Hier werden sehr schnell neue Gebiete erschlossen und große Distanzen überwunden. Auch führt jedes Schließen der Fluglöcher zu vielen heimatlosen Flugbienen, die sich eine neue Heimat suchen müssen und damit auch sehr gut Parasiten verbreiten.
- Durch Räuberei: Sowohl durch offene Räuberei, weil die Räuberbienen von wirtswechselnden bzw. frisch geschlüpften Milben befallen werden, als auch bei stiller Räuberei, wo sich nach und nach auch Stockbienen den Räubern anschließen.
- Durch Verflug: In den meisten Imkereien stehen Bienenvölker Flugloch neben Flugloch nebeneinander. Dadurch kommen häufig heimkommende Bienen in den Nachbarbienenstock, speziell wenn sie sehr stark beladen sind, bei böigem Wind oder schlechten Wetterverhältnissen. Es gibt auch wissenschaftliche Studien, die nachweisen, dass mit Varroa parasitierte Bienen ein schlechteres Orientierungsvermögen haben und dadurch häufiger ihren Bienenstock wechseln.
- Durch Wirtswechsel außerhalb des Bienenstockes: Dies wird in der Praxis eher selten vorkommen, scheint aber auch eine Rolle zu spielen, wenn die Varroamilbe neue Gebiete erobert. Vorstellbar wären Nektar- oder Honigtauquellen, an denen viele Bienen gleichzeitig saugen. Bei in Europa nicht erlaubten Außenfütterungen, bei denen viele Bienen an vom gewissenlosen Imker oder vom naiven Bienenfreund zur Verfügung gestellten Futtersirup naschen, häufig auch darin ertrinken, kann man sich einen Varroatransfer schon vorstellen.

VARROATOLERANZ- ODER VARROARESISTENZ

Als Varroatoleranz bezeichnet man die Eigenschaft bestimmter Bienen, eine Varroaparasitierung mit wenigen oder sogar ohne negative Auswirkungen auf die Bienengesundheit zu ertragen.

Als Varroaresistenz hingegen bezeichnet man die Eigenschaften bestimmter Bienen, die Parasitierung selbst in Grenzen zu halten, z. B. durch Reduktion der Nachkommenanzahl, durch aktives Beseitigen etc.

In den riesigen, menschenleeren Wäldern Ostrusslands gibt es die Varroamilbe schon seit ca. 60 Jahren auch auf nicht menschlich betreuten Bienenvölkern. Diese Primorski-Bienen sind deshalb auch seit dieser Zeit niemals gegen die Varroa behandelt worden. Von Menschen betreute Primorski-Bienen brauchen dagegen trotzdem Varroabehandlungen.

Der amerikanische Bienenwissenschaftler Tom Seeley schreibt auch von wildlebenden Bienenvölkern in einem Naturschutzgebiet, die er eingehend wissenschaftlich untersucht hat und die eine vollständige Varroatoleranz aufweisen sollen[xxiv].

Eine brasilianische Insel[xxv] hat auch eine gut untersuchte Population Westlicher Honigbienen, die sich relativ unbeeindruckt von einem Varroabefall zwischen 16,5 % (2012) und früheren 25 % (1991) offenbar bester Gesundheit erfreut.

Alle diese Varroatoleranten Bienenvölker haben eines gemeinsam: Wenn man sie in unsere „zivilisierte“, von Landwirtschaft geprägte und dicht mit Menschen und laufend Varroabehandelten Bienen besiedelten Kulturlandschaft bringt, leben sie nicht wesentlich länger als ein durchschnittliches unbehandeltes Kontrollvolk ohne Varroabehandlung.

Ins Bild passt auch, dass laut einer wissenschaftlichen Umfrage (2011–2014) ein Drittel der chinesischen Asiatischen Honigbienenvölker, die eigentlich komplett resistent gegen Varroamilben sein sollen und in imkerlicher Betreuung stehen, auch schon gegen Varroa behandelt wurden.[xxvi]

VARROABEFALLSENTWICKLUNG IM JAHRESVERLAUF

Entwicklung ohne imkerliche Eingriffe:

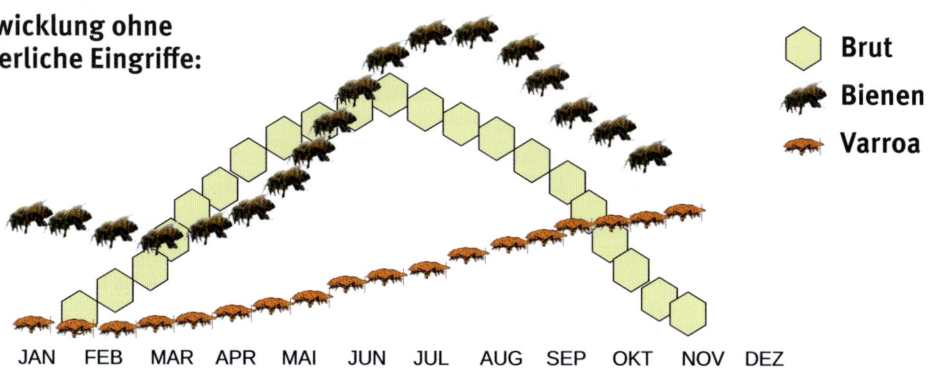

Im Winter pflegen gesunde Bienenvölker entweder keine oder relativ wenig Brut. Daher sind im Winter auch relativ wenige Varroamilben in der Brut zu finden.

Dies ändert sich, sobald im Februar oder März Wärmeperioden mit Temperaturen über +10 °C auftreten. Falls sich diese Perioden über längere Zeit erstrecken, dehnen sich die Brutflächen entsprechend aus und bis zu 80 % der Varroamilben gehen in die reproduktive Phase und vermehren sich in den Brutzellen.

Die meiste Brut gibt es um die Sommersonnenwende und ab September kann es zu brutfreien Zeiten kommen, wobei die meisten halbwegs gesunden Völker im Herbst drei Wochen nach einem stärkeren Frost relativ brutfrei sind. Ab der Wintersonnenwende werden die Tage wieder länger und sobald die Temperaturen wieder deutlich ins Plus steigen, beginnt der Brutzyklus wieder von Neuem.

Falls Bienenvölker Erkrankungen oder stärkeren Parasitenbefall aufweisen, verkürzt sich die durchschnittliche Lebenszeit der Einzelbienen und sie versuchen, dagegen anzubrüten. Daher findet man in solchen Völkern auch zu untypischen Zeiten relativ viel Brut.

Entwicklung mit imkerlichen Eingriffen bei Brut, Biene, Varroa

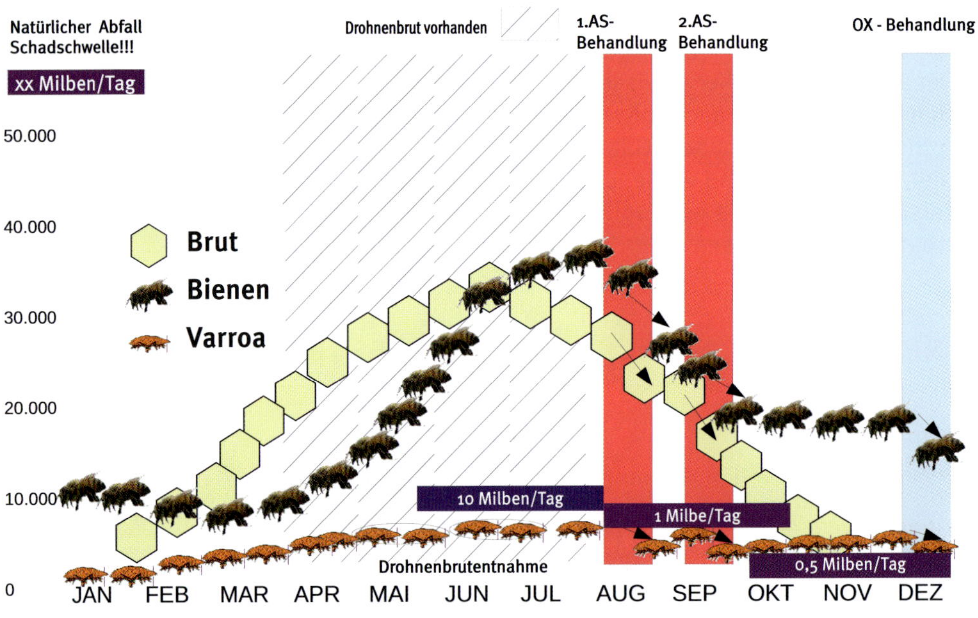

Hier wird der Einfluss der imkerlichen Varroa-Bekämpfungsmaßnahmen, die jeweilige Schadschwelle und auch deren Einfluss auf die Bienen- und Brutanzahl dargestellt. Die Drohnenbrutentnahme führt zu einer gleichbleibenden Varroenanzahl, denn normalerweise verdoppelt sich die Varroenanzahl jedes Monat. Wenn man 50% / Monat rausnimmt, gleicht sich das aus. Eine Tierarzneimittelbehandlung führt zu einer stärkeren Reduktion der Varroa, reduziert aber auch die Bienen- und Brutanzahl. Die Schadschwelle von noch zulässigen Milben/Tag zur jeweiligen Behandlungszeit ist auch angegeben.

VARROAENTWICKLUNG IN ZAHLEN

Monat:	Bienen x1000	Varroen o. Behandlung	Varroen m. Behandlung	Imkerliche Maßnamen bzw. Reinvasion	Befallsrate	natürlicher Abfall/ Tag	Varroen in Brut*
Jänner	10	100	100		1,00 %	< 0,5	< 10 %
Februar	10	100	100		1,00 %	< 0,5	< 10 %
März	10	100	100		1,00 %	< 1	< 20–50 %
April	20	200	200		1,00 %	< 2	~ 50 %
Mai	30	400	280	Drohnenbrutschnitt 30 % Wirksamkeit	0,93 %	< 3	~ 70–80 %
Juni	30	800	400	Drohnenbrutschnitt 30 % Wirksamkeit	1,33 %	< 5	~ 80 %
Juli	30	1600	800		2,67 %	< 10	~ 70–80 %
August	20	3200	480	AS 70 % Wirksamkeit	2,40 %	< 5	~ 70 %
September	15	6400	288	AS 70 % Wirksamkeit	1,92 %	< 1	~ 60 %
Oktober	10	-	300	+ 12 Milben Reinvasion	3,00 %	< 1	< 10–50 %
November	10	-	100	Ox 70 % Wirksamkeit	1,00 %	< 0,5	< 10 %
Dezember	10	-	100		1,00 %	< 0,5	< 10 %

Tabelle: Varroenanzahl im Jahresverlauf: Hier sieht man ein Beispielvolk: Die Bienenanzahl, die Varroenanzahl, die gesetzten imkerlichen Maßnahmen und die daraus resultierende Varroenbefallsrate des Bienenvolkes.

*** Varroa in Brut sind nur Beispielswerte, denn sie schwanken extrem, je nach Tracht, Brutfreudigkeit, Krankheiten, Flugbienenverluste und vor allem auch nach Temperatur (speziell März/Oktober kann es extreme Unterschiede geben) etc.**

Wenn von Varroamilben gesprochen wird, meine ich – falls nicht extra anders definiert – erwachsene, lebensfähige, weibliche und befruchtete Milben mit dunklem, festem Panzer.

Eine Varroamilbe lebt bis zu 5 Brutzyklen. Viel mehr ginge auch nicht, weil sie durchschnittlich nur mit 35 Spermien befruchtet wird und ca. 4–5 befruchtete Eier pro Zyklus legt. Das erste Ei (männlich) wird ca.

60 Stunden nach der Verdeckelung der Zelle gelegt und dann jeweils alle 30 h noch ein weibliches. In der Arbeiterinnenbrut hat sie im Durchschnitt 1,4 und in der Drohnenbrut 2,4 befruchtete, weibliche, lebensfähige Nachkommen.

Zwischen den Brutzyklen liegt die Reifefraßphase zwischen durchschnittlich 4 und 11 Tagen, vorausgesetzt, es ist ausreichend Brut vorhanden, ansonsten kann sich die Reifefraßphase auch auf 6 Monate ausdehnen. Während dieser Phase sterben durchschnittlich 20 % der Milben und ein Teil von ihnen fällt auf die Stockeinlage. Daraus errechnen sich auch die empfohlenen, zulässigen, natürlichen Milbenabfallzahlen.

Durchschnittlich verdoppelt sich in jedem Monat, in dem Brut gepflegt wird, die Anzahl der Varroen. Die kritischen Monate im Hinblick auf den Varroabefall sind normalerweise September, Oktober, November. Um eine erhöhte Winter-Sterblichkeitsrate an den Bienenvölkern durch Varroabefall gänzlich ausschließen zu können, sollte die Befallsrate bei den Bienenvölkern hier unter 3 % liegen.

Die Beispieltabelle zeigt, dass dies nicht so einfach ist. Denn selbst bei intensiver Betreuung und wirksamen Varroa-Bekämpfungsmaßnahmen gelingt es nicht leicht, eine erhöhte Winter-Sterblichkeitsrate zu vermeiden. Im Schnitt geht man bei uns von 6 Verdoppelungen pro Jahr aus. Das heißt, die Varroenanzahl versechzigfacht sich ungefähr pro Jahr ohne Behandlung. Bereits ein Monat mehr, in dem voll gebrütet wird, bringt bei stark brütenden Völkern schon eine Verhundertfachung der Varroenanzahl im unbehandelten Volk.

WIE VIELE MILBEN HABE ICH IN DEN VÖLKERN?

Natürlichen Milbenabfall zählen

Stockwindel, Varroaschublade, Bodenschieber, Gitterboden etc. müssen vorhanden sein. Hier geht man von folgender Theorie aus: Falls sehr viel Brut vorhanden ist, multipliziert man den natürlichen Abfall pro Tag mit 100–250, falls überhaupt keine Brut vorhanden ist, multipliziert man den Abfall mit 300–500 und bekommt damit eine grobe Idee über die Anzahl der Varroen im Volk.

Daher werden nur die Milben mit dunklem, festem Panzer gezählt.

Stockeinlage

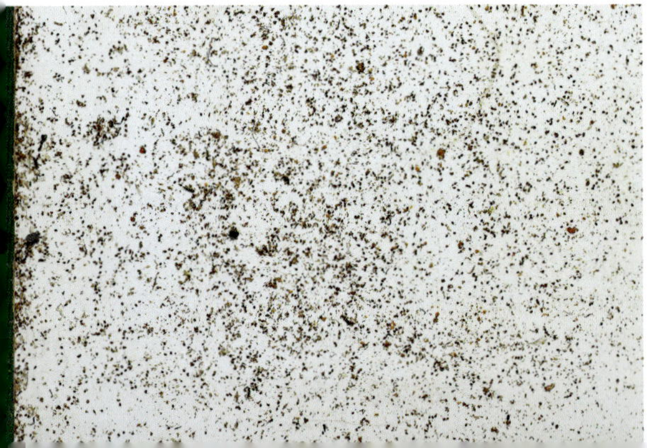

Starker Varroaabfall

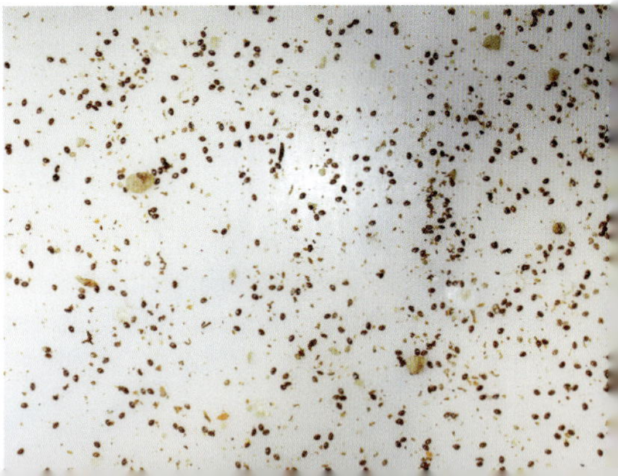

Fehlerquellen:

- Der natürliche Varroatotenfall schwankt teilweise sehr stark, also sollte man die Lade mindestens fünf Tage drinnen lassen und danach durch die Anzahl der Tage dividieren.
- Ameisen, Ohrenschliefer etc. haben manchmal Appetit auf einen kleinen Happen, also im Sommer die Varroenlade am besten mit Raupenleim, Fett, Öl oder Ähnlichem bestreichen, um die kleinen Räuber abzuhalten.
- Im Winter, wenn es sehr kalt ist, fällt der Varroatotenfall meist nur sehr zögerlich und wird dann schnell stärker, wenn es wieder wärmer wird und Bewegung in die Bienentraube kommt oder wenn die Wintertraube auf die nächste Futterwabe wechselt und diese mittels Heizerbienen aufwärmt.
- Falls der Bienentotenfall, Gemüll oder ein Mäusenest das Gitter blockiert, fallen auch kaum Varroen auf den Bodenschieber, daher immer zuerst Bienentotenfall etc. ausräumen und dann den Varroenabfall zählen.
- Falls die Bodeneinlage nicht die gesamte Beute abdeckt, kann ein extremer Bienensitz dazu führen, dass nicht alle Varroen auf die Bodeneinlage fallen und das Ergebnis verfälschen. Daher am besten bereits bei der Beutenauswahl darauf Rücksicht nehmen oder, falls nicht möglich, dann bei jeder Kontrolle schauen, ob der Bienensitz abgedeckt wird.
- Ein Windstoß kann die Milben leicht von der Unterlage wehen. Daher bei Windstille oder wenig Wind kontrollieren.

Falls man nicht sicher ist, ob man dem gezählten Wert trauen kann, sollte man die Varroenlade nochmal für ein paar Tage einschieben und die Zählung wiederholen bzw. eine andere Methode wählen.

Bei Werten oberhalb der zulässigen Zahlen der oberen Tabelle können Schäden bei den Bienenvölkern auftreten.

Speziell außerhalb der Tracht oder ab Juli sollte man auch Sofortbehandlungen durchführen.

Puderzuckermethode

Dafür werden an einem trockenen Tag Bienen aus dem Honigraum genommen, zuerst auf die Plastikfolie geschüttelt und danach in einen 100-ml-Becher (ca. 500 lebende Bienen oder ca. 50 g) geleert. Von dort in einen großen Becher schütten (z. B. 700-ml-Joghurtbecher), der einseitig mit einem Sieb verschlossen ist. Durch das Sieb dann einen halben Becher (ca. 30 g) trockenen Puderzucker stauben und den Becher schütteln. Nach ein paar Minuten werden die Bienen auf ein Doppelsieb gekippt und kräftig geschüttelt, sodass der Staubzucker durchs Feinsieb fliegt, die Milben im Feinsieb und die Bienen im Grobsieb hängenbleiben. Die Bienen werden dann wieder in den Stock zurückgegeben. Dann zählt man die Milben und rechnet sich den prozentuellen Befall aus. Zum Beispiel: 10 Milben von 500 Bienen ergeben einen Befall von 2%.

INFO!

Formel für 500 Bienen:
Anzahl Milben/5 = % Milbenbefall

Fehlerquellen:

- Feuchtigkeit verhindert das Abfallen vieler Milben, denn sie bleiben kleben.
- Zu wenig Geduld: Die Varroen brauchen Zeit, um sich von den Bienenkörpern zu lösen.

Auswaschmethode

Diese Methode ist sehr ähnlich der Puderzuckermethode, nur kommen die Bienen entweder in eine Spirituslösung oder werden zuerst eingefroren und danach z. B. in einem 500-g-Honigglas mit wenig schäumender Spülmittellösung gut geschüttelt und wieder ins Doppelsieb gekippt. Die Bienen sind hier zwar sofort tot, aber das Ergebnis ist weniger fehleranfällig und genauer. Die Mindestanzahl der Bienen beträgt 300 Stück oder 30 g.

INFO!

Anzahl Milben x 100/Anzahl Bienen = Milbenbefall in %

CO_2-Methode

Ähnlich wie bei den beiden vorgenannten Methoden wird hier ein Becher mit Bienen mittels dosiertem CO_2 bewusstlos gemacht und auf ein Doppelsieb gekippt und wieder ausgezählt. Diese Methode ist genauer als die Puderzuckermethode und die Bienen müssen nicht sofort sterben!

Brutuntersuchung

Hier müssen mindestens 200 verdeckelte Brutzellen, am besten zwischen Weißaugen- und Schlupfreifstadium, mit einer stumpfen Pinzette aus den Zellen geholt werden, um den Prozentsatz der befallenen Brut ermitteln zu können. Auf jeden Fall hier auf die weißen Punkte an den Zellwänden (Kotplätze der Milben) achten. Im Normalfall legt die Milbe ihren Kotplatz über der Bienenpuppe zwischen den Beinen, das heißt in Richtung Wabenoberträger nahe dem Zellboden, an. Bei mehr als einem Punkt sollte man schon von Mehrfachparasitierung ausgehen.

Grobe Brutuntersuchung mit der Entdeckelungsgabel

HERBSTZEIT – VARROAZEIT

Das Hauptproblem der Völker, die jedes Jahr an der Varroa sterben, liegt im Herbst. Um diese Völkerzusammenbrüche zu vermeiden, müssen wir dafür sorgen, dass die Ammenbienen, die die Winterbienen aufziehen müssen, noch halbwegs gesund sind. Abhängig von der Volkstärke sollte der Befall unter 5 % liegen. Je nach Tracht, Klima und Volkstärke sollte daher zwischen Mitte Juli und Ende August die Varroenanzahl entsprechend reduziert werden. Um auf der sicheren Seite zu bleiben, sollte spätestens Mitte September der Varroabefall auf 3 % Befallsrate reduziert werden. Zwei Reduktionen haben auch den Vorteil, dass, falls eine Reduktion nicht besonders gut gewirkt hat, eventuell die zweite Reduktion noch etwas wettmachen kann.

Herausforderung für den Imker

1. Im relevanten Zeitraum – wenn die Winterbienen erbrütet werden – haben alle Völker Brut. Die einzige Möglichkeit, den exakten Varroabefall eines Volkes festzustellen, wäre eigentlich das Abtöten von Bienen und Brut und danach aufwändiges

Zählen – also weder sinnvoll noch vom Arbeitsaufwand her machbar. Also bleibt nur ein näherungsweises Abschätzen mit den oben genannten Methoden. Dies hat aber zur Folge, dass es viele Fehlerquellen gibt. Um z. B. den unbekannten Prozentsatz des Brutbefalles zu kompensieren, müssten die Verfahren je nach Situation öfter wiederholt oder die Varroaschublade recht lange drinnen lassen werden, was wiederum die Wahrscheinlichkeit erhöht, dass Ameisen, Ohrenschliefer etc. das Ergebnis verfälschen. Das heißt, am Ende muss der Imker erkennen, dass er den Varroabefall immer nur mehr oder weniger gut einschätzen kann.

2. Jeder erfahrene Imker wird aber schon vermutlich des Öfteren bemerkt haben, dass diese Varroenvorhersagen oder -berechnungen eines gemeinsam haben: Sobald es im Oktober kalt wird, gibt es in der Realität in manchen Völkern eine große Varroaexplosion, die man in der Berechnung und selbst auch beim gewissenhaften Zählen im Sommer nicht voraussehen konnte.

Milben-Explosions-Effekt

Wenn die Brutnester stark zu schrumpfen beginnen, was abhängig vom Klima ist, aber meist zwischen Mitte September und Ende Oktober geschieht, kommt es zu diesem gefürchteten Phänomen. Viel Brut und damit viele Varroen sind geschlüpft. Gleichzeitig verlängern die Varroen ihre Reifefraßzeiten und somit kommt es auch zu einer prozentuellen Verschiebung des Verhältnisses der Varroen. Im Frühling und im Sommer, wo es die typischen großen Brutflächen gibt, befinden sich durchschnittlich 80 % der Varroen in der Brut. Im Winter oder immer, wenn es nur sehr wenig Brut gibt, sinkt dieser prozentuelle Wert gegen 0. Die Zeit der ersten „Kahlflieger“ unter den Umgebungsbienenvölkern (schlecht betreute Völker oder nicht eingefangene Schwärme) bringen in stark unregelmäßiger zeitlicher und örtlicher Verteilung große Varroenmengen in einige Völker.

Die Reinvasion oder Reinfektion

Hier wird davon ausgegangen, dass sich aus an ihrer Milbenpopulation zusammenbrechenden Völkern und Schwärmen aus der Umgebung Bienen mit aufsitzenden Varroamilben in noch gesunde Völker retten. In der Praxis kommt es zwar in speziellen Fällen zu größeren Werten, aber der Normalfall ist es nicht. Verflug kommt aber praktisch immer vor, aber auch selten mit größeren Werten.

Es ist sehr eindrucksvoll, wenn man so etwas einmal zufällig in atypischer Form, wie ich im Winter 2018, direkt erlebt:

- Die Varroenlade ist mittelmäßig mit toten Varroen voll.
- Der Gitterboden ist ca. 4 cm hoch voller toter Bienen.
- Ein kleines Häufchen unruhige Bienen sitzt über zwei Wabengassen.
- Jede Biene hat 4–6 Varroen (wie die Ratten, die das sinkenden Schiff verlassen haben und sich an die Rettungsboote klammern).
- Nach ca. 30 Minuten bei 7 °C ist das Häufchen verschwunden und man kann noch einzelne Milbenträger an den Nachbarfluglöchern entdecken.

Die toten Bienen machten optisch den Eindruck von gesunden, jungen Winterbienen. Ich habe auch 15 tote Bienen in drei Reihen aufgelegt. Nur 1 hatte einen verkürzten Hinterleib (mögliches Zeichen für starke virale

Soldatenfriedhof

Infektion bzw. Varroaparasitierung im Brutstadium) und 7 hatten einen leicht verlängerten Hinterleib (mögliches Zeichen für Darmparasiten, wie Nosema etc.). Gespreizte Flügel (Lähmungsvirus) oder verkrümmte Flügel (Flügeldeformationsvirus) waren nicht zu sehen, haarlose, schwarze Bienen (chronischer Lähmungsvirus) waren nur einzelne dabei.

Räuberei

Wenn die Räuberei ins Spiel kommt, dann steigt auch die Milbentransferzahl recht schnell nach oben. Man braucht sich nur vorstellen, wenn relativ gesunde Bienen ein Volk kurz vor dem Zusammenbruch ausrauben, dann retten sich die Varroen oft noch schnell auf die etwas gesünderen Bienen. Durch den massiven Transfer und die idealen Vermehrungsbedingungen von vielfältigen Krankheitserregern steigt der Schaden für die Bienen noch weiter an. Es kommt daher zu:

Kurzlebige Bienen

Bienen werden kurzlebig, falls sie:

- von Viren befallen,
- von Bakterien befallen,
- von Parasiten befallen,
- mit nicht akut tödlicher Dosis an Pestiziden in Kontakt gekommen,
- mangelernährt (z. B. Mangel an hochwertigen Pollen),
- gestresst sind (z. B. Bienen in buckelbrütigen Völkern, erkennbar manchmal am starken, lang andauernden Brausen, das oft an jämmerliches Heulen erinnert),
- sehr alt sind (Krankheitserreger und Parasiten vermehren sich so lange in gesunden Bienen, bis diese krank werden).

Diese Punkte verstärken sich alle gegenseitig: Das heißt z. B., dass sich, sobald Bienen eine Mini-Dosis von manchen Pestiziden abbekommen, die Varroen schneller vermehren und die Bienen noch kurzlebiger werden.

Sobald es dann kalt wird, sterben kurzlebige Bienen dann sehr schnell. Da sich die Milben aber vom Fett-Eiweißkörper ernähren und auch anhand des Geruchs gute Bienenwirte lokalisieren können, haben sie ein gutes Gespür, welche Bienen kurzlebiger sind und meiden diese so lange wie möglich. Recht häufig versuchen Völker mit kurzlebigen Bienen, möglichst viel zu brüten, um ihren baldigen Abgang zu kompensieren.

Bei z. B. kaltem Wetter kommt es zu schlecht gepflegter Brut und in Folge zu einer hohen Vermehrungsrate der Milbe und noch kurzlebigeren Bienen mit vollem Darminhalt, die wiederum viel Brut anlegen ... ein richtiger Teufelskreis, der nur mit viel Aufwand zu durchbrechen ist. Die Erfolgsquote ist auch bei hohem Aufwand bescheiden, denn im Herbst ist die Regenerationsfähigkeit von angeschlagenen Bienenvölkern eben sehr beschränkt.

Schlecht gepflegte Brut

Dadurch, dass eine Milbe zumindest vier weibliche Eier legt, kann es bei entsprechend schlecht gepflegter Brut vorkommen, dass sich die Verdeckelungsdauer um ein paar Tage verlängert, somit kann mit jedem weiteren Tag eine weitere Tochtermilbe geschlechtsreif werden und das Problem verschärft sich noch weiter. Eine schlecht gepflegte Brut kann auch durch eine missglückte Varroabehandlung, eine Erkrankung der Ammenbienen, eine nichttödliche Vergiftung oder dergleichen ausgelöst werden.

Sichtbare Milbenexplosion

Im Herbst schränken jetzt potentielle Milbenräuber, wie Ameisen, Spinnen, Ohrenschliefer und dergleichen ihre Aktivität stark ein. Plötzlich, wie aus dem Nichts, hat man dann nach dem Schlüpfen der letzten großen Brutflächen Völker, deren Varroenlade voll mit glänzenden kleinen roten Punkten, natürlichem Abfall von Varroen, ist.

Niedriger natürlicher Varroenabfall im Winter

Der niedrige Varroenabfall entsteht durch kaum befallene Brut: Wenn Milben nur in ihrer Reifefraßphase sind, können sie bis zu 6 Monate und bei Bedarf sogar länger leben. Dadurch hat man einen viel niedrigeren natürlichen Totenfall in der Winterperiode, verglichen mit der Zeit, in der viel Brut schlüpft.

Varroa-Behandlungsmethoden

Der rechtliche Teil, der bei Varroabekämpfungen zu beachten ist, betrifft die Verwendung von Tierarzneimitteln und wird im Kapitel „Gesetzliche Bestimmungen im Zusammenhang mit Bienengesundheit in Österreich“ (siehe S. 149 f.) behandelt. Falls man nicht in Österreich imkert, sollte man die jeweils gültigen Gesetze beachten.

BIOTECHNISCHE VARROA-BEHANDLUNGSVERFAHREN

Drohnenbrut schneiden

Die Varroamilbe bevorzugt die Drohnenbrut gegenüber der Arbeiterinnenbrut für die Fortpflanzung 8–13-mal häufiger.

Das Ausschneiden der verdeckelten Drohnenbrut wird schon recht lange als wirksames Mittel zur Varroareduktion während der Tracht empfohlen. Vermutungen, dass die Varroamilbe im Laufe der letzten Jahrzehnte ihre Vorliebe für die Drohnenbrut verloren haben könnte, sind aber unbegründet. Eine Studie[xxvii] aus dem Jahr 2018 zeigt mit einer 13-mal häufigeren Varroaparasitierung in der Drohnen- als in der Arbeiterinnenbrut, dass auch jahrzehntelanges Drohnenbrutschneiden hier nichts geändert hat.

Das Entfernen der Drohnenbrut hat aber einen eher schlechten Ruf, weil es arbeitsintensiv und wenig wirksam ist. Problematisch ist sie auch in Bezug auf die Frage, was mit der ausgeschnittenen Brut dann gemacht werden soll. Nicht zu vergessen ist auch die „Kleberei“ von dem frisch eingetragenen Nektar bei Volltracht: Wenn man eine Drohnenwabe abschüttelt, spritzt der sehr flüssige Nektar über die Oberträger und auf die Bienen, sodass alles klebt. Die Bienen versuchen, ihn aufzusaugen und reagieren kaum mehr auf den Smoker. Auch die Finger sind voll von dem dünnflüssigen Kleber und man muss aufpassen, dass man keine aufsaugenden Jungbienen quetscht ... Deshalb sollten Drohnenwaben bei voller Tracht abgekehrt werden, sodass der ausfließende Nektar bei der Durchsicht des Stockes nicht stört. Ist die Arbeit getan, kann man die Bienen mit zwei Rauchstößen in die Wabengassen treiben. Danach schüttelt man den Nektar auf die Rähmchenoberleisten und verschließt den Stock. Somit können die Bienen ihren mühevoll gesammelten Nektar in Ruhe weiterverarbeiten.

Entnahme der Drohnenbrut

Mit der Entnahme des verdeckelten Drohnenbruträhmchens nimmt man 15 % der Gesamtbrut, aber oft mehr als 50 % der Varroen aus dem Volk heraus. Außerdem führt die Entnahme der Drohnenbrut dazu, dass wieder vermehrt Drohnenbrut angelegt wird und dadurch der Schwarmtrieb abgemindert wird, weil es:

- freie Zellen zum Bestiften für die Königin gibt,
- Arbeit für die Ammenbienen gibt,
- Arbeit für die Baubienen gibt,
- den Bienen das Gefühl gibt, noch nicht genug Drohnen zu besitzen.

Wie kann das Schneiden der Drohnenbrut funktionieren und warum?

Wenn man erfolgreich mit der Drohnenbrutentnahme gegen die Varroamilbe sein will, sollte man Folgendes beachten:

1. Falls ausreichend Brut vorhanden ist, verbringen Varroamilben den Großteil ihres Lebens in verdeckelten Brutzellen.
2. Das Verhältnis von Brutzellen- zur Bienenanzahl bestimmt den Prozentsatz der Varroen in der Brut. Dieser Prozentsatz liegt zwischen 0 und 80 %
3. Varroamilben haben in Drohnenzellen durchschnittlich 2,5 befruchtete Tochtermilben, während sie bei Arbeiterinnenzellen durchschnittlich nur die Hälfte an Nachwuchs haben.
4. Varroamilben steigen erst zur Vermehrung in eine aufnahmebereite (kurz vor der Verdeckelung stehende) Zelle, wenn sie mehr oder weniger direkt dorthin gebracht werden. Das heißt, durch die durchschnittlich doppelt so lange Aufnahmebereitschaftszeit der Drohnenbrut[xxviii] (40–50 Stunden anstatt 15–20)[xxix], steigt automatisch der Parasitierungsgrad.
5. Durch die häufigeren und längeren Ammenbienenbesuche (Ammen betreuen in den letzten 60 Stunden vor der Verdeckelung die Drohnenbrut insgesamt 2,78-mal

länger als die Arbeiterinnenbrut)[xxx] der Drohnenbrut kommen auch mehr Varroen in die Drohnenbrut.

6. Die Oberfläche einer Drohnenzelle ist 1,7-mal größer als von einer Arbeiterinnenzelle, daher kann sich eine Milbe auch schneller in diese flüchten.

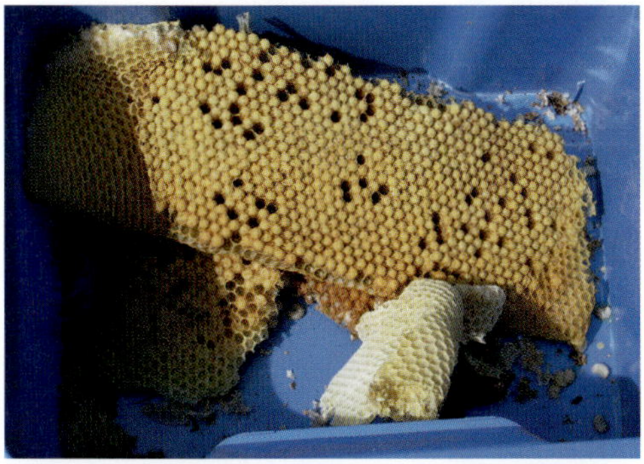

Ausgebrochene Drohnenbrut

Varroa in der Drohnenbrut

Praktische Anleitung zum Drohnenbrutschneiden

Drohnenbrut und Arbeiterinnenbrut sind gleichzeitig im Volk vorhanden

Je nach Klima, Tracht, Volkentwicklung etc. pflegen Bienenvölker die Drohnenbrut von Mitte März bis Mitte September, aber intensiver von April bis Juni. Bei Verwendung von Mittelwänden können nur unwesentliche Mengen an Drohnenbrut gebaut werden. In diesem Fall braucht es zusätzliche Rähmchen ohne Mittelwände und am besten auch ohne Drähte, um die gebaute Drohnenbrut auch wieder leicht ausschneiden oder ausbrechen zu können. Die leeren Rähmchen müssen unbedingt zwischen zwei ausgebauten Rähmchen eingehängt werden, damit die Drohnenwabe normal gerade nach unten und nicht z. B. mit Mittelwänden zusammengebaut wird. Drohnenbruträhmchen sollten bei der Überwinterung schon am Rande des Volkes platziert sein, sodass die Königin diese im Frühjahr zeitig bestiftet. Den höchsten Wirkungsgrad durch die Entnahme der Drohnenbrut bekommt der Imker durch zwei Drohnen(halb)rahmen, die immer abwechselnd nach der Verdeckelung, am besten während einer Schwarmkontrolle, ausgeschnitten werden. Die restliche Drohnenbrut in den Drohnenecken könnte man entfernen, denn diese weisen im Durchschnitt einen noch größeren Parasitierungsgrad als der Drohnenrahmen auf.

Bei Vorhandensein von Arbeiterinnenbrut kann man mit einer maximalen Anzahl von 50 % der Varroamilben rechnen, die man aus dem Stock mittels verdeckelter Drohnenbrut entfernen kann. Das heißt, dass die Varroenanzahl im Stock in diesem Monat, in dem man die Drohnenbrut entfernt, gleich bleibt.

Diese Methode ist für eine Verzögerung der Sommerbehandlung um ein oder zwei Monate wirksam, um zum Beispiel eine Julitracht noch unbeschwert nutzen zu können.

Drohnenbrut ist vorhanden, aber keine Arbeiterinnenbrut

Um einen richtig hohen Wert bei der Bekämpfung der Varroamilbe zu erzielen, verwendet man Drohnenbrut-Fangwaben

Drohne beim Schlüpfen aus der Zelle

Drohenbrutschnitt im verschließbaren Kübel

oder Naturbauwaben mit größerem Drohnenbrutanteil.

In einer Studie wurde herausgefunden, dass bereits 462 offene Drohnenzellen ausreichen können, um aus einem brutlosen Volk, bestehend aus 1 kg Bienen, 95 % der Milben darin zu fangen[xxxi]. Bei Arbeiterinnenbrut braucht man schon mehr als die zehnfache Anzahl der Brutzellen.

Bei Tests in Deutschland[xxxii] wurden in Völkern bestehend aus 3 kg Bienen mit Jungköniginnen nach dem Auslaufen der letzten Brut bestiftete Drohnenbrutwaben mit ca. 1.500 Zellen als Fangwaben eingesetzt. Darin konnten schon durchschnittlich 90 % der Milben gefangen werden. Mit einer zweiten Drohnenfangwabe konnte die Wirksamkeitsrate auf durchschnittlich 98 % erhöht werden.

Daher kann man den Wirkungsgrad einer Fangwabe enorm erhöhen, wenn man statt der reinen Arbeiterbrut-Fangwabe zumindest 1.500 offene Drohnenzellen auf der Fangwabe hat!

Ablegerbildung

Mit der Entnahme von verdeckelter Arbeiterinnenbrut kann natürlich auch die Varroenanzahl während der Saison entscheidend beeinflusst werden. Speziell im Mai bei viel Brut kann man erwarten dass sich 50 % der Milben in der Brut aufhalten. Startet man im Frühjahr mit zu vielen Varroen, hat man z. B. Mitte Mai die Möglichkeit, die gesamte ver-

Ablegerbildung

Bei Zellablegern schlüpft die ganze, alte Brut, bevor die der jetzt neuen Königin verdeckelt ist

deckelte Brut eines Volkes zu entnehmen und Ableger damit zu bilden. In diesem Fall lässt man die Ableger entweder selbst Königinnen ziehen oder setzt erst nach 9 Tagen begattete Königinnen zu. Bevor die Brut der neuen Königinnen verdeckelt ist, schlüpfen in der Zwischenzeit alle Bienen aus der alten Brut. Somit bietet sich die Möglichkeit, in dem Zeitfenster der Brutfreiheit entweder mit Fang(drohnen)brutwaben oder mit Tierarzneimitteln (z. B. Oxalsäure sprühen) die Varroa zu bekämpfen.

Bannwabenmethode

Hier wird die Königin mittels einer Wabentasche auf ein bis drei Waben für 24–29 Tage eingesperrt.

Wenn man die Wabentasche mit einer offenen Brutwabe bestückt, muss man spätestens 12 Tage später die verdeckelte Bannwabe einmal auswechseln, um die gefangenen Milben zu „ernten“, bevor die Brut und somit die Varroen schlüpfen.

Am 24.Tag entnimmt man die verdeckelte Brut das zweite Mal aus der Bannwabe und lässt die Königin noch für weitere drei bis fünf Tage eingesperrt, sodass sie noch eine dritte Wabe bestiftet. Bevor man die Königin freilässt, kann man die Brutfreiheit auch nützen, um alte Brutwaben aus dem Volk zu entsorgen bzw. um umzuweiseln.

Die dritte verdeckelte Wabe entnimmt man wieder frühestens 12 Tage nach dem Einhängen. Bei dreimaliger Entnahme der verdeckelten Brut kann man schon mit sehr guten Entmilbungsraten rechnen. Falls diese Waben auch mehr als 1.500 Drohnenbrutzellen enthalten, kann man, wie schon im Kapitel „Praktische Anleitung zum Drohenenbrutschneiden“, siehe S. 65, erläutert, bis zu 90 % Wirkungsgrad erzielen. Speziell nach dem Freilassen der Königin

Bannwabenverfahren

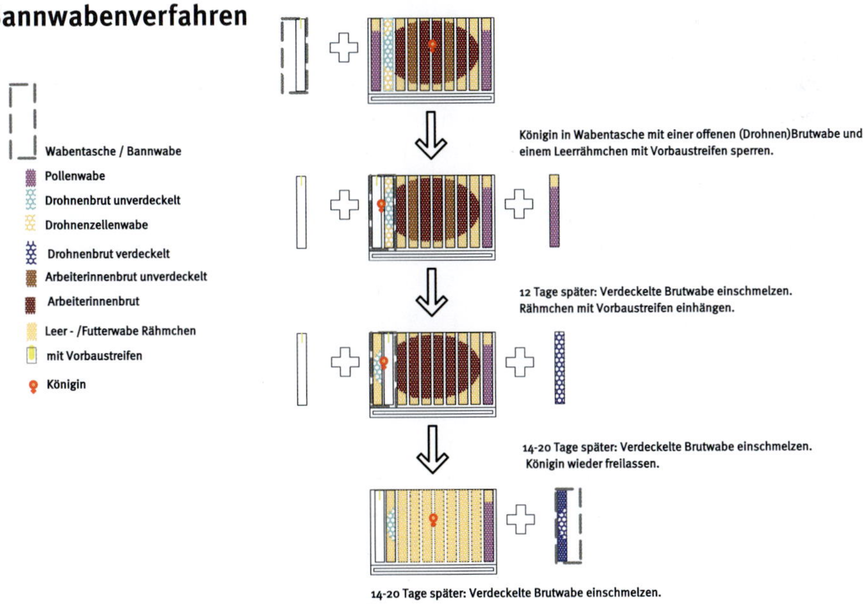

Bannwabe, Marke Eigenbau im Volk

Duplexwabe im Einsatz

auf ausreichende Futterversorgung achten. Alternativ kann man die Bannwabenmethode auch zweimal hintereinander im Sommer anwenden. Hier würde man Mitte Juni beginnen und die Königin Mitte Juli wieder freilassen. Dann könnte man sie Anfang August wieder in die Bannwabe setzen und Anfang September wieder rauslassen.

Königin käfigen

Es gibt unterschiedliche Käfige, die eine bestimmte Größe und Machart aufweisen. Die Größe des Käfigs, die Möglichkeit, Eier zu legen, und der Zeitpunkt im Jahresrhythmus des Bienenvolks beeinflussen die Überlebenswahrscheinlichkeit der Königin. Gestanzte Absperrgitter zum Einsperren der Königin sind sicherer, weil bei Rundstababsperrgittern kleinere Königinnen aus dem Käfig entwischen könnten. Falls einmal eine Königin aus dem Käfig entkommt und Waben bestiftet, kann man diese Waben recht praktisch als zusätzliche Fangwaben bei brutfreien Nachbarvölkern verwerten.

Was tun mit der entnommenen Brut?

Falls die Brut von einem stark mit Varroa befallenen Volk stammt, ist das Einschmelzen vermutlich die einzig sinnvolle Lösung. Falls die Brut weniger oder durchschnittlich befallen ist, kann man die unten beschriebene Hyperthermiemethode oder die Brutscheunenmethode verwenden.

Hyperthermie – Wärmebehandlung gegen die Varroamilbe

Dabei werden bienenlose, verdeckelte Brutwaben auf ca. 42 °C erwärmt und dadurch bei den wärmeempfindlichen Varroen so viele Hitzeschockproteine erzeugt, dass ihre Restlebensdauer auf wenige Stunden bis Tage reduziert wird, d. h. die Milbe und deren Nachkommen sterben, während sich die Bienenpuppen normal weiterentwickeln.

Keinesfalls würde ich empfehlen, ein ganzes Volk inklusive Königin und Bienen mit Wärme zu behandeln. Dies würde zu Stress bei den Bienen führen und die temperaturempfindliche Königin und auch ihre Spermateca mit den Spermien der Drohnen können Schaden erleiden.

Die zu behandelnden Brutwaben sollten aber nicht von einem bereits extrem Varroabefallenen Volk mit sichtbaren Brutschäden stammen, weil dann das Risiko der

Ansteckung durch Krankheitserreger aus dieser Brut zu groß sein könnte. Ein funktionierender Vertreter dieser Technologie, bei der man nur die verdeckelte Bienenbrut entnimmt, ist der Varroa Controller.

Sein großer Vorteil ist die Einsetzbarkeit während der ganzen Brutsaison. Sehr vorteilhaft kann man damit auch schon im Frühling die erste Arbeiterinnenbrut behandeln und die Entwicklung der Varroamilbe unterbrechen. Ideal ist sein Einsatz z. B. auch bei Zuchtvölkern, um die Drohnenbrut weniger belastet schlüpfen zu lassen.

Man kann auch die Brutwaben bei der Bildung eines Brutwabenablegers sehr gut in einem Arbeitsgang behandeln. Ganz besonders gut funktioniert der Varroa Controller beim angepassten Brutraum, denn hier wird die gesamte Brut auf nur wenige Großwaben pro Stock konzentriert.

Entweder haben 20 Großwaben oder 40 Flachzargenrähmchen Platz. Je nach Maß kann man die Halterungen für die Waben individuell verstellen. Für die richtige Luftfeuchtigkeit in der Box wird destilliertes Wasser in einen Behälter eingefüllt, sodass die Brut nicht austrocknet, weil so nahezu die gleiche Luftfeuchtigkeit wie im Bienenstock erreicht wird. Das wärmeisolierte Gerät wird in 5 Minuten auf die Brutnesttemperatur von 35 °C erwärmt. Danach können die Brutwaben für 2 Stunden eingehängt werden. Somit werden die Varroen so stark geschädigt, dass sie spätestens nach 3 Tagen in der Zelle absterben. Wichtig ist, dass der Temperaturfühler richtig in der mittleren Brutwabe eingestochen wird, sodass wirklich die Behandlungstemperatur erreicht wird.

Behandlungsbeispiele:

- Schon im März, wenn noch wenige Brutwaben vorhanden sind, nimmt man diese, je nach Wabenmaß (z. B. 3 Zander Ganzwaben oder 5 Flachzargenrähmchen) aus den Völkern, kehrt die Bienen in die Stöcke zurück und hängt die Brutwaben für 2 Stunden in den Varroa Controller.
- Zur Sommersonnenwende (21. Juni): Die Königin wird 12 Tage in eine Wabentasche gesperrt, je nach Maß auf 1–3 Waben. Nach 12 Tagen sperrt man die Königin wiederum auf ehemals jungbebrütete ausgebaute Waben. Die verdeckelten Brutwaben aus den Wabentaschen werden aus den Völkern herausgenommen und bienenfrei in den Varroa Controller gehängt. Dabei schüttelt man von den Nachbarwaben 400 g Bienen in einen kleinen Kunstschwarmkasten. Sie werden gleich im Schwarmkasten z. B. mit Oxalsäure entmilbt. Nachdem die Brutwaben 2 Stunden lang auf 42 °C erwärmt wurden, kommen diese in einen Ablegerkasten und die Varroabehandelten Bienen aus dem Schwarmkasten werden draufgeleert. Man nimmt für einen Ableger von 2 Völkern die Brutwaben zuzüglich der entnommenen Bienen, also z. B. bei Zander Ganzzarge 4 Brutwaben und 800 g Bienen. Somit hat man nahezu Varroafreie Bienen und Brut und schöne starke Ableger im Frühjahr. Nach 12 Tagen weiterer Sperre der Königin erfolgt die gleiche Ablegerbildung wie im vorigen Absatz. Nun ist der Bienenstock komplett brutfrei und man hat nun alle Möglichkeiten für den Wabenumtrieb. Entweder setzt man die Bienen auf Mittelwände oder auf junge ausgebaute Waben. Bevor das geschieht, muss man natürlich von den alten Waben im Stock die Bienen in die Beute kehren und mit Oxalsäure behandeln oder alternativ auch eine (Drohnen-)Fangwabe einsetzen.

Varroa Controller

Königinnenkäfig mit Weiselzelle

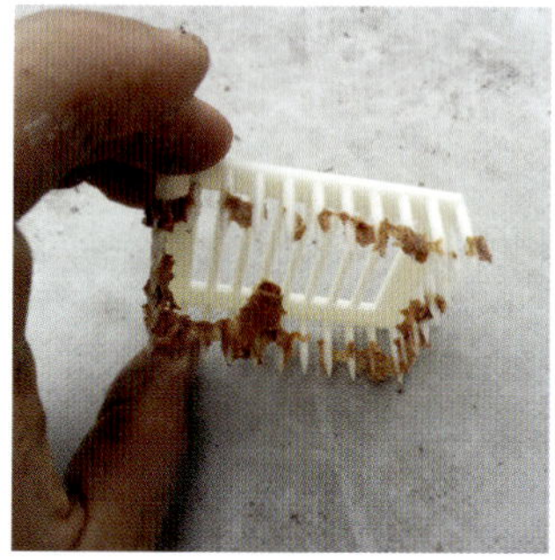

Käfig zum Königinnensperren

Vorteile der thermischen Behandlung:

- Die Brut bleibt am Leben (junge Larven können sterben).
- Gute Kombinierbarkeit mit Ablegerbildung und Wabenerneuerung.
- Während der gesamten Brutperiode anwendbar und rückstandsfrei.

Das Bienenfreimachen der Brutwaben, die 2 Stunden Wartezeit für den Behandlungszyklus der Maschine, die Notwendigkeit einer Stromversorgung am Bienenstand und der finanzielle Aufwand bei der Anschaffung der Maschine stellen die Nachteile der Hyperthermie dar.

Brutscheunenmethode

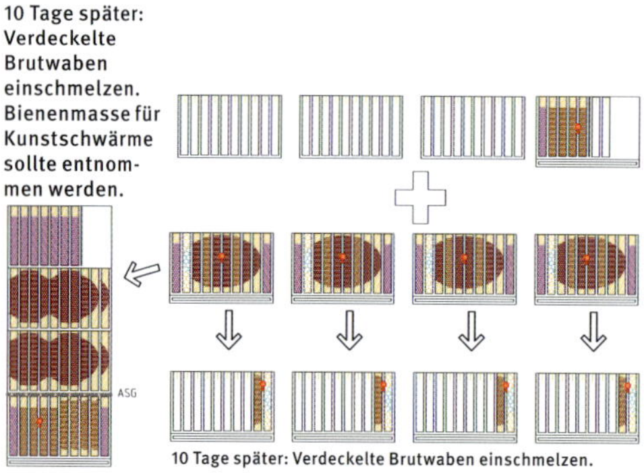

Brutscheune

Prinzipiell kann man entnommene Brut auch in eigenen, weiselrichtigen Völkern schlüpfen lassen. Natürlich nur unter intensiver Betreuung und entsprechenden Maßnahmen, die Verflug, Räuberei, Abwanderung, Schwärmen etc. verhindern. Weiselrichtig ist hier sehr wichtig, denn andernfalls hat man immer eine recht große Abwanderungsbewegung zu anderen Völkern – und damit würden die Milben wieder zurückwandern, was ja nicht gewünscht ist.

Das Brutscheunenvolk sollte abseits von den Wirtschaftsvölkern stehen, um den Verflug der Bienen klein zu halten.

Vorbereitung der Brutscheune

Die Königin wird auf eine Zarge gesperrt, in der sie 10 Waben bebrüten kann. Auf diese Zarge kommt ein Absperrgitter. Auch die verdeckelten Brutwaben des Brutscheunenvolkes werden nach oben in die eigentliche Brutscheune gehängt. Die Brutwaben der Wirtschaftsvölker, die in Zargen gesammelt wurden, kommen nun auch über das Absperrgitter. Bei der Betriebsweise mit Flachzargen kann man bis zu 6 Zargen mit Brutwaben aufsetzen.

Drohnenbrut aus besonders nachzuchtwürdigen Völkern kann man so auch für die Standbegattung weiter zur Verfügung stellen, denn die Drohnen selbst haben ja keine aufsitzenden Milben und können sie daher nicht weiter verbreiten. Wie schon in vielen Untersuchungen festgestellt wurde, kommen selbst parasitierte Drohnen bei der Begattung nicht zum Zug. Damit die Drohnen ausfliegen können, die über dem Absperrgitter schlüpfen, muss ein 2 cm großes Bohrloch in die erste Zarge über dem Absperrgitter gemacht werden oder das Absperrgitter in einen Zwischenbodenrahmen mit kleinem Flugloch eingelegt werden. Ob sich der Aufwand lohnt, hängt von der quantitativen und qualitativen Drohnenverfügbarkeit in der Umgebung der Bienenstände ab.

Die Brut in geschlossenen Völkern mit offenem Boden schlüpfen zu lassen, vermindert die Gesundheit der geschlüpften Bienen und ist daher nur in Extremsituationen, wie z. B. bei großem Räubereidruck, sinnvoll. Jedenfalls muss immer eine Varroabekämpfungsstrategie vorhanden sein.

Die Brut in einem Ameisensäuredunst schlüpfen zu lassen, ist auch nicht sinnvoll, denn junge Bienen sind sehr empfindlich, das heißt, dass die frischgeschlüpften Bienen bei einer wirkungsvollen Ameisensäurekonzentration gemeinsam mit den Varroen sterben.

Es spricht nichts gegen das Aufstellen der Brutscheunen ein paar Kilometer entfernt, solange sie entsprechend betreut werden. Die häufig vorgeschlagene Lösung, dass man Brutscheunen einfach 5 km weit von seinem Bienenstand entfernt unbetreut aufstellen soll, ist meist nicht zielführend. Im dicht besiedelten Mitteleuropa sind dort ziemlich sicher andere Imker mit ihren Ständen und „freuen“ sich dann – komplett unvorbereitet – über die Varroaexplosion in ihren Völkern!

Varroakonzepte in Brutscheunen

- Fangwabe: Laufend ausreichend aufnahmebereite (kurz vor der Verdeckelung stehende) Fangwaben zur Verfügung stellen. Diese muss man dann sinnvollerweise aber vor dem Schlüpfen in einem Dampfwachsschmelzer einschmelzen. Die Altwaben, aus denen die Bienen geschlüpft sind, werden ebenfalls eingeschmolzen.
- Die Königin käfigen und die Verwendung von Tierarzneimitteln (Oxalsäure) ist auch vorstellbar. Man könnte die geschlüpften Jungbienen regelmäßig zu Kunstschwärmen verarbeiten und diese dann sehr intensiv behandeln (z. B. mit Oxalsäure bedampfen oder besprühen und den Kunstschwarm mit einer Fangwabe, die nach der Verdeckelung eingeschmolzen wird, einschlagen). Nachdem die meiste Brut geschlüpft ist, sollte man die restlichen Bienen zu Kunstschwärmen verarbeiten und das gesamte Wabenmaterial einschmelzen.
- Bienenlose Brutwaben kann man nach einer geeigneten Hyperthermiebehandlung z. B. auch zum Verstärken von Ablegern verwenden.

Vorteile der weiselrichtigen Brutscheune

Die jungen Bienen werden nach dem Schlüpfen von den Bienen des weiselrichtigen Volkes versorgt. Ohne Bienen erstellte Brutscheunen würden von fremden Bienen ausgeraubt werden, wobei andere Völker mit Brutkrankheiten angesteckt und mit jeder Menge Varroen belastet werden könnten.

Alternative Brutverwertung – Brut einschmelzen

Brutscheunen machen oft nicht viel Freude, weil die schlüpfenden Bienen manchmal schon sehr kurzlebig sind.

Speziell bei bereits erhöhtem Varroabefall macht es daher oft keinen Sinn, die Brut retten zu wollen und Varroavermehrung oder Krankheitsausbrüche durch bereits wenig lebensfähige Brut zu riskieren.

Man benötigt ein leistungsfähiges Schmelzsystem oder einen entsprechenden Gefrierraum für die Zwischenlagerung. Das eigentliche Einschmelzen macht man am besten in bienensicheren Räumlichkeiten oder ausschließlich bei Dunkelheit, um keine Räuberei auszulösen.

(Drohnen-)Brut schmelzen

Wenn man die Brut im Dampfwachsschmelzer ausschmilzt, dann entsteht durch die Larven und Puppen ein dicker Brei, der das Wachs nicht leicht abfließen lässt. Sauberer läuft das Ganze ab, wenn man in einem emaillierten Topf oder einem Edelstahlgefäß die Drohnenwaben einschmilzt. Dazu gibt man ein Drittel Wasser in den Topf, damit die Drohnenwaben nicht auf den heißen Boden kommen, und füllt ihn dann mit den Brutwaben auf. Nachdem unter ständigem Rühren das Wachs geschmolzen ist, werden die Puppen durch ein grobes Sieb abgeseiht.

INFO!

Alternativ: Edelstahl-Dampfentsafter (für den Kleinimker) können hier auch recht sinnvoll und kostengünstig verwendet werden.

Beim Einschmelzen von Naturbauwaben kann man ein sehr hochwertiges Wachs gewinnen. Falls man konventionelle Mittelwände verwendet hat, sollte man das geschmolzene Wachs unbedingt zu Kerzen verarbeiten, um den Bienen unnötige Belastungen durch synthetische Bio- und Pestizide zu ersparen.

Drohnenbrut schmelzen

INFO!

Nach dem Einschmelzen der Brut hat man auch das Problem, was man mit den Larven- und Puppenresten, die übrigbleiben, macht.

Die beste Verwertung wäre – wie leider nur in manchen Ländern Asiens üblich – als menschliche Nahrungsmittel in Form von gerösteten oder gedünsteten Puppen und Larven.

Die Drohnenmaden könnten aber auch gefriergetrocknet werden und danach in Cremehonig gemischt werden. Wie auch

Beliebter Snack in Thailand

bei Trockenfrüchten, kommen 0,3 % der getrockneten Maden in den Cremehonig. Die Bezeichnung für dieses Produkt wäre dann Cremehonig mit Apilarnil. Apilarnil hat in der Zwischenzeit in der Apitherapie einen fixen Platz eingenommen und wird zur allgemeinen Stärkung des Immunsystems und speziell auch für die Steigerung der Manneskraft eingesetzt. Nutztieren, wie z. B. Hühnern, sollte man es nur in bienensicherer Weise (z. B. im finsteren Hühnerstall) und erst nach dem Durchgang durch den Dampfwachsschmelzer verfüttern.

Das bienensichere Vergraben der Brutreste im Komposthaufen ist auch eine Möglichkeit.

Keinesfalls sollte man die Brut bienenzugänglich lagern, wie z. B. auf die Bäume hängen und den Vögeln zur Verfügung stellen!

TIERARZNEIMITTELVERWENDUNG ZUR VARROABEHANDLUNG

Bei Verwendung von Ameisensäure oder Oxalsäure als Tierarzneimittel zur Varroabehandlung ist nach der entsprechenden Anwendungsanleitung (siehe Beipacktext) vorzugehen. Bei der Verwendung von handelsüblichen Verdunstern (z. B. Nassenheider professional) für diese Tierarzneimittel sollte man ebenfalls nach Beipacktext vorgehen. Nur für das ebenfalls zulässige Verdunsten von Tierarzneimitteln auf Ameisensäurebasis habe ich die Schwammtuchmethode genauer beschrieben, weil es hier logischerweise keinen Beipacktext gibt.

Schwammtuchmethode

Früher einmal hat man mit 3 Kurzzeitbehandlungen im Abstand von jeweils 4 Tagen je 20 ml Ameisensäure auf einem Schwammtuch pro Stock verdunstet.

Was gebraucht wird

- Schwammtücher (je eines pro Zarge)
- Ameisensäure (je 20 ml pro Zarge, am besten aus der Gefriertruhe)
- ein Dosiergerät (Spritze oder professioneller Dosierer)
- Persönliche Schutzausrüstung (PSA, laut Kapitel „Imkergesundheit“, siehe S. 154, Schutzbrille keinesfalls vergessen)

Voraussetzungen

- Das Volk hat ein paar Kilogramm offenes Futter (ansonsten zuerst füttern).
- Umgebungstemperatur sollte zwischen 15 und 25 °C liegen.
- Brut muss im Volk vorhanden sein.
- Die Stockeinlage muss unter den Gitterboden eingeschoben sein oder ein voller Boden muss vorhanden sein.
- Das Flugloch muss offen sein (Fluglochkamm).

Anwendung

- Alle zu behandelnden Zargen zählen.
- Die Persönliche Schutzausrüstung anlegen.
- Das Dosiergerät mit dem Ameisensäurepräparat befüllen.
- Pro Großzarge ein Schwammtuch mit 20 ml (bei 2 Flachzargen von Zander 30 ml gesamt) Ameisensäure gleichmäßig beträufeln (z. B. in S-Kurven).
- Das Volk öffnen, die Bienen von den Wabenoberträgern mit etwas Rauch zurückdrängen.
- So viele Schwammtücher, wie Zargen vorhanden sind, über das Brutnest auflegen.
- Das Volk schließen.

24 Stunden später

- Handschuhe anziehen.
- Das Volk öffnen.
- Die Schwammtücher (sind hoffentlich hart und trocken und eventuell auch bienenbesetzt) herausnehmen.
- Das Volk schließen.
- Den Erfolg der Behandlung auf der Stockeinlage überprüfen.

Es gibt dabei immer tote Jungbienen und ausgeräumte Brut, was auch ein Indikator dafür ist, dass die notwendige Säurekonzentration erreicht wurde.

Die Ameisensäure wirkt so nur 8–12 Stunden effektiv auf die aufsitzenden Varroen. Daher sind die Wiederholungen notwendig, um die ganze Verdeckelungsperiode der Brut (12 Tage) abzudecken. Diese so genannte „Schockbehandlung" ist wenig materialaufwändig (man braucht z. B. nur Schwammtücher und die Ameisensäure). Durch die kurze Behandlungszeit wirkt sie aber nicht in die Brut. Die Schwammtuchmethode ist wiederholbar. Der Gesamtwirkungsgrad pro Volk ist relativ unterschiedlich, je nach Temperatur, Luftfeuchtigkeit und vorhandener Brut.

Völker während der Ameisensäurebehandlung

Die Verdunstung ist nicht regelbar. Daher sollte man bei sehr hohen Temperaturen die Behandlungszeit in die kühleren und feuchteren Abend- oder Morgenstunden legen.

Bei zu schneller Verdunstung der Ameisensäure ziehen die Bienen aus dem Stock aus und sammeln sich in einer Traube vor dem Flugloch.

Daher ist es gut, nach dem Auflegen der Schwammtücher noch ca. eine halbe Stunde zu warten und bei ausziehenden Völkern das Schwammtuch wieder zu entfernen, um Brutschäden zu vermeiden. Speziell nach einem Gewitter oder bei weisellosen Völkern kommt das häufiger vor.

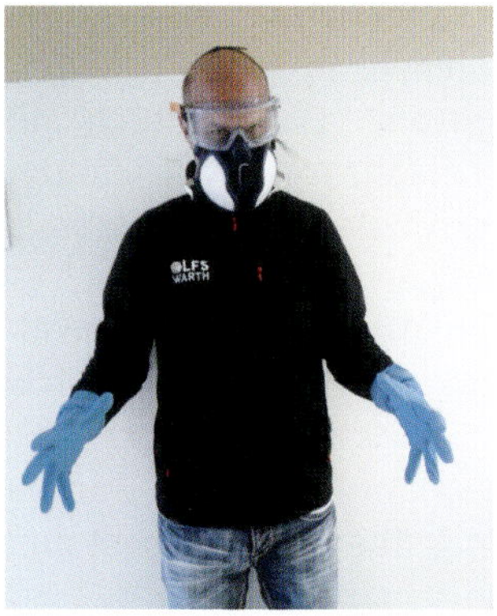

Schutzausrüstung für die Ameisensäurebehandlung

Schwammtuchbehandlung

Schwammtuchbehandlung von unten im geschlossenen Boden

Verdampfen der Oxalsäure

Es gibt gelegentliche Königinnenverluste und häufig muss man die Völker öfter als 3-mal behandeln, um den Varroabefall auf das notwendige Maß zu reduzieren.

Oxalsäure verdampfen

Hier wird entweder mit einem gas- oder einem strombetriebenen Gerät kristalline Oxalsäure auf über 100 °C erhitzt, sodass die Oxalsäure in den gasförmigen Zustand übertritt und ein weißer Rauch sichtbar wird.

Persönliche Schutzausrüstung verwenden und den direkten Kontakt mit diesem weißen Rauch möglichst vermeiden. Das Bedampfen mit ca. 1 g Oxalsäure pro Stock ist ein sehr bienenschonendes Verfahren, weil die Bienenatmungsorgane durch Härchen vor den feinen Stäuben geschützt sind. Bei Brutfreiheit kann man Wirkungsgrade von 90 % erreichen.

Langzeitnachteile von Tierarzneimittelbehandlungen mit Ameisen- bzw. Oxalsäure bei vorhandener Brut

Die Ameisensäurebehandlungen mit Wirkungsgraden über 80 % jedes Jahr, mehrfach angewandt, bewirken das ausschließliche Überleben von Varroen, die sich gut in der Brut verstecken und sich dadurch schnell und stark vermehren sowie eine gewisse Unempfindlichkeit gegenüber Ameisensäure zeigen. Bei der Oxalsäure-Winterbehandlung bei vorhandener Brut mit Wirkungsgraden über 80 % ist es ähnlich, denn Oxalsäure wirkt gar nicht in die Brut. Noch schlimmer ist mehrmaliges Beträufeln mit Oxalsäure bei vorhandener Brut, da es die Bienen schädigt und so genannte „Verhaltensresistenz“ bei den Milben züchtet. Das heißt, wir machen jedes Jahr mehrmalig eine Super-Selektion auf:

- robuste, säureunempfindliche Milben,
- die möglichst viel Zeit in der Brut verbringen und
- dadurch möglichst viele Nachkommen produzieren.

Wanderimker, Bienen- und Königinnenverkäufer sorgen für die nötigen Blutauffrischungen und für den besonders würzigen Viren-, Bakterien- und sonstigen Parasitenmix, der die Varroamilbe erst so richtig beeindruckend gemacht hat ...

Am Beginn der weltweiten Varroaausbreitung behandelte man die Bienen erst ab einem natürlichen Varroabefall von 100 Milben am Tag – heute sind 10 Milben im Juli schon sehr kritisch. Mit ausschließlicher Tierarzneimittelverwendung riskiert man auch, dass wir hier mit der Varroamilbe unseren eigenen Säbelzahntiger-Parasiten züchten, der jedes Jahr schwerer zu beherrschen sein wird! Durch die Resistenz der übriggebliebenen Milben züchten wir seit 1984 eine unbesiegbare Milbe.

VARROA-BEHANDLUNGSKONZEPTE

Klassisch: 2–5-mal Drohnenbrutschnitt + 2-mal Ameisensäure-Langzeit + 1-mal Oxalsäure-Winterträufelung

Das Drohnenbrutschneiden wird zwischen Ende April und dem Abnehmen der Honigräume durchgeführt.

Nach der Honigernte, also normalerweise zwischen Mitte Juli und Ende August, hat man sehr viele Bienen, auch noch relativ viel Brut und leider häufig auch schon viele Varroamilben im Stock. Um gesunde Winterbienen zu bekommen, müssen auch die Ammenbienen der Winterbienen gesund und gut ernährt sein. Je nach Kleinklima, erwarteter Wetterlage und vorhandenem Varroabefall sollte man sich daher eine geeignete Varroa-Behandlungsstrategie und den geeigneten Zeitpunkt für den Beginn auswählen. Diese weitverbreitete Behandlungsstrategie lautet:

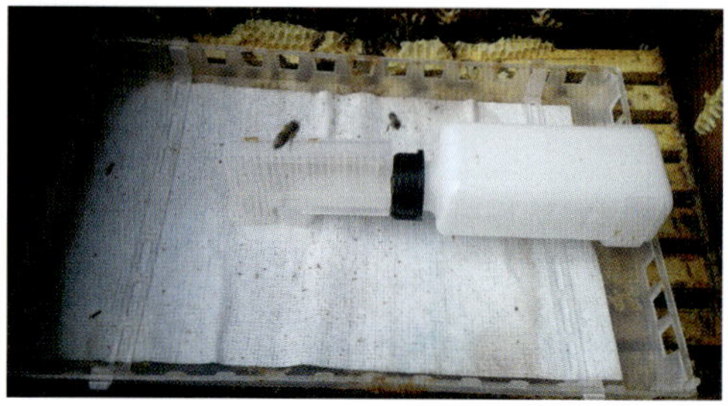

Nassenheider Professional

Liebig Dispenser

- Direkt nach dem Abschleudern 5 Liter Sirup füttern. Im Laufe der Jahre wurde die Ameisensäuremenge stark erhöht. Früher wurden 3-mal 20 ml auf einem Schwammtuch empfohlen. Danach kam die Empfehlung mit einer Langzeitbehandlung von 150 ml Ameisensäure und heutzutage empfiehlt man hier 2 Langzeitbehandlungen mit 150 ml Ameisensäure.
- 150 ml Ameisensäure mit einem geeigneten Langzeitverdunster, wie z. B. dem Nassenheider professional, nach Gebrauchsanweisung über 10 Tage verdunsten. Eine Stockwindel einlegen, während die Ameisensäure verdunstet!
- Ende August noch einmal 150 ml Ameisensäure über 10 Tage verdunsten und danach auf das Wintergewicht auffüttern. Eine Stockwindel einlegen, während die Ameisensäure verdunstet! Eine Abfallskontrolle erfolgt 2 Wochen nach Behandlungsende. Ziel ist ein Abfall von 1 Milbe pro Tag oder weniger!

Hierfür wird die Stockwindel eingelegt, der Varroaabfall abgezählt und durch die Anzahl der Tage dividiert.

INFO!

Ist der Wert zu hoch, ist eine Nachbehandlung essentiell!

Dann immer wieder die Varroaeinlage überprüfen. Bei Völkern mit Brut sollte ein durchschnittlicher natürlicher Milbenabfall über eine Woche von mehr als 1 Milbe pro

Tag nicht überschritten werden. Andernfalls sollte wieder behandelt werden. Die Brut sollte nach Möglichkeit entfernt und eingeschmolzen werden. Man muss mit einem geeigneten, wiederholbaren Verfahren Einzelvölker von der Varroalast zumindest so weit befreien, dass die Gefahr für die anderen Völker in der Umgebung minimiert wird. Eventuell kann man auch noch das eine oder andere Volk damit retten. Geeignete Verfahren sind z. B.:

- Schwammtuchmethode mit Ameisensäure, wenn die Brut im Stock bleibt,
- Oxalsäure verdampfen (Brut vorher entfernen und einschmelzen),
- Milchsäure sprühen (je nach Zulassungssituation).

Danach kommt im November oder Dezember bei Brutfreiheit noch die Träufelung der Oxalsäure. Die Oxalsäurelösung wird auf 35 °C erwärmt und zumeist, je nach Wabenbesatz, mit 5 ml pro Wabengasse mit besetzten Bienen mittels Schwanenhals beträufelt. Hierbei richtet man sich wieder nach der Gebrauchsanweisung des verwendeten Tierarzneimittels.

Nachteile oder Gefahren der klassischen Behandlungsstrategie

Die Verdunstung der Ameisensäure ist abhängig von Temperatur und Luftfeuchtigkeit und alles in allem ein relativ ungeregelter Vorgang, bei dem es immer wieder zu Problemen mit zu hoher oder zu niedriger Konzentration der Ameisensäure im Stock kommt.

Die Bienen regeln ihre Brutnesttemperatur auf ca. 35 °C. Praktisch muss man trotzdem den Verdunster an die zu erwarteten Umgebungstemperaturen z. B. mit der Verwendung verschieden großer Dochte (kleinere bei höheren Temperaturen, größere bei niedrigeren Temperaturen) anpassen. Die Einsatzmöglichkeiten und die Temperaturanpassungen sind den Anwendungsbeschreibungen der jeweilig verwendeten Verdunstern bei Langzeitbehandlung (Nassenheider, Liebig etc.) zu entnehmen.

In der Praxis kommt es bei sehr hohen Temperaturen, vor allem wenn die Bienen in der Sonne stehen, zu Problemen mit einer zu starken Verdunstung der Ameisensäure. Das kann dann dazu führen, dass viele Bienen die Brut verlassen und sich vor dem Flugloch oder unter dem Bodenbrett aufketten, sprich einen Bienenbart bilden. Dadurch kann die Brut schlecht betreut und nicht mehr geschützt werden und wird durch die hohe Ameisensäurekonzentration abgetötet. Dies gleicht einer totalen Brutentnahme. Man muss darauf achten, dass die Brut immer in unmittelbarer Nähe des Verdunsters ist, damit der Erfolg gewährleistet wird. Wenn z. B. in der ersten unteren Zarge die Brut ist und die zweite Zarge mit Honig voll wäre und der Verdunster oben draufgesetzt wird, ist der Wirkungsgrad der Ameisensäure sehr schlecht. Gerade am Rande des Brutnestes, vielleicht neben großen Honigkränzen, wird die Säurekonzentration teilweise zu gering ausfallen, sodass manche Varroen in der Brut überleben können. Das Austragen der Brut bei einer wirkungsvollen Behandlung ist eigentlich nicht zu vermeiden bzw. zum Teil auch notwendig, um einen entsprechend hohen Behandlungserfolg zu erreichen. Königinnenverluste bzw. eine verkürzte Lebensdauer der Königin ist auch eine gelegentlich auftretende Nebenwirkung dieser Behandlung.

Behandlungsschema Brutfreiheit, Fang- oder Bannwabe! 2–5-mal Drohnenbrutschnitt + 1–2-mal Königin käfigen + 1-mal Oxalsäure-Winterträufelung

Eine erfolgreiche Methode, um die Varroamilbe zu bekämpfen, ist, das Volk brutfrei zu machen. Bei Brutfreiheit kann sich die Milbe weder vermehren noch ist sie gut versteckt und geschützt unter einem Zelldeckel. In einem noch halbwegs intakten Volk verlängern die gesünderen Bienen ihre Lebenszeit, falls keine Jungbrut schlüpft, um den Fortbestand des Bienenstockes zu gewährleisten. Das hat aber den Nachteil, dass diese älteren Bienen nicht mehr ganz so leistungsfähig sind und die Volksgesundheit generell leichter abnehmen kann.

Wenn die Völker im Juli brutfrei werden, ist das schon praktisch ein Behandlungserfolg von 50 % (gegenüber Nichtbehandeln), weil sie ihre Varroenanzahl im Juli nicht verdoppelt haben. Wenn es gelingt, eine offene Drohnenwabe bei Brutfreiheit als Fangwabe einzusetzen, kann schon mit 90 % Behandlungserfolg gerechnet werden, ohne chemische Substanzen ins Volk einzubringen und ohne Resistenzen zu züchten. Die verbleibenden Varroamilben sind außerdem weniger vermehrungsfreudig, denn sonst wären sie ja in der Fangwabe. Denn eine Varroavermehrung ohne Brutzellen kann sicherlich nicht aus den vorhandenen Varroamilben heraus selektiert werden.

Käfigen der Königin für mindestens 24 Tage

Die Königin wird nach dem Ende der Tracht, z. B. in der zweiten Juliwoche, in einen Käfig oder in eine Wabentasche gesperrt, wie es oben beschrieben wird. Dort verweilt sie für mindestens 24–29 Tage, damit die Brut geschlüpft ist und man die Altwaben entnehmen kann. In dieser Zeit kommen die Bienen durch das Absperrgitter und versorgen die Königin. Ist der Käfig klein und hat keine Brutzellen, wie zum Beispiel die Königinnenkäfige für die Restentmilbung, so erhöht sich das Risiko, die Königin tot aufzufinden.

Waben in der Triplex (Wabentasche für 3 Waben), in die die Königin gesperrt wird

In der Wabentasche hat man den Vorteil, dass auch viele Varroen unter den Zelldeckeln eingesperrt sind, wenn man die verdeckelte Brut entnimmt, sodass man diese leicht entsorgen kann. Alternativ kann man hier natürlich auch schon eine Fang(drohnen)brutwabe ab dem 10. Tag zum Einsatz bringen.

Entnahme aller Altwaben

Nach 24 Tagen bereitet man für das erste Volk entweder ein desinfiziertes Bodenbrett vor oder man verwendet das alte jeweils

Duplex Wabentaschen

mit den nötigen Überwinterungszargen. Das Tauschen des Bodenbretts zu diesem Zeitpunkt hat den Vorteil, dass man nicht extra den ganzen Stock hochheben muss. Es hat aber auch den Nachteil, dass es das Tohuwabohu noch verstärkt, das man durch das Abschütteln auf Mittelwände ausgelöst hat.

Vom ersten Volk nimmt man Wabe für Wabe heraus und schüttelt die Bienen in den neuen Stock. Die Altwaben werden von den jüngeren Waben getrennt. Jungwaben könnten im Stock verbleiben, ersetzt man aber besser durch Mittelwände. Bei einer Mischung von ausgebauten Waben mit Mittelwänden kann es leicht zu unregelmäßigem Ausbau der Mittelwände kommen. Bevor die Mittelwände in den Stock gegeben werden, sollten die Bienen z. B. mit einem Oxalsäurepräparat behandelt werden. Alternativ kann man natürlich auch wieder Fang(drohnen)brutwaben (wie oben beschrieben) zuhängen und nach der Verdeckelung vor dem Schlupf entnehmen und einschmelzen.

Nach dem Trocknen der Bienen Zugabe der Mittelwände und Fütterung

Oxalsäurebehandlungen brauchen für eine gute Wirksamkeit im Sommer einerseits Brutfreiheit und andererseits eine möglichst gleichmäßige Verteilung auf allen behandelten Bienen. Daher bietet sich hier das Besprühen als Applikationsform an. Die kleinen Tröpfchen aus dem Sprüher werden durch die Flügel der brausenden Bienen noch weiterverbreitet. Der Imker sollte hier die im Kapitel „Imkergesundheit“, siehe S. 154 ff., empfohlenen Schutzmaßnahmen einhalten und auch versuchen, diesem Sprühnebel möglichst auszuweichen. Nach dem Besprühen der Bienen mit Oxalsäure ca. 2 Stunden lang warten, bis die Bienen wieder normal trocken sind. Dann sitzen sie ruhig beisammen und haben keinen Stress, aber auch keine Mittelwände und vor allem kein Futter. Würde man gleich nach dem Besprühen – es ist schon Ende Juli und es herrscht meist eine trachtlose Zeit – sofort mit der Fütterung beginnen, könnten Räuber von den anderen Stöcken kommen und das Volk ausrauben. Nasse, vor allem mit Oxalsäure besprühte Bienen können sich gegen trockene Eindringlinge kaum wehren bzw. würden das Durcheinander und die fehlende Struktur im Volk die Räuberei fördern. Vor allem, wenn obendrein noch gefüttert wird, würde es wahrscheinlich den Tod für dieses Volk bedeuten. Die Bienen werden – nach dem Trocknen – in den Stock auf das Bodenbrett gestoßen und danach

Einschmelzen der Altwaben im Dampfwachsschmelzer

Einhängen der Mittelwände und seitlich der trockenen Jungfernwaben

werden die Mittelwände eingehängt. Der Futtertrog wird aufgesetzt oder die Futtertasche eingehängt und mit 4 Litern Flüssigfutter zu füttern begonnen. Das Flugloch eng halten, um Räuberei zu verhindern. Von nun an bekommen die Bienen jede Woche bis Ende August 4 Liter Zuckerwasser oder Sirup. Sollte eine gute Tracht einsetzen, z. B. durch Blühmischungen, muss man die Fütterung reduzieren oder diese sogar beenden.

Behandlungsschema Brutentnahme! 2–5-mal Drohnenbrutschnitt + 1-mal totale Brutentnahme + 1-mal Oxalsäure-Winterträufelung

Aus den Wirtschaftsvölkern werden alle Brutwaben – die Bienen samt Königin kehrt man zurück in den Stock – entnommen. Die Brutwaben ersetzt man durch trockene Jungfernwaben, die man erhält, wenn man am Tag davor ausgeschleuderte Waben zum Ausschlecken aufsetzt. Oder man bestückt das Volk mit Mittelwänden.

Danach verwahrt man die Brutwaben bienendicht in Zargen und verschließt diese, sodass auch schlüpfende Bienen nicht verloren gehen können. Die Brutwaben bringt man dann zur Brutscheune (siehe oben) und setzt sie dort auf weiselrichtige Völker auf, die die Brutwaben und die schlüpfenden Bienen versorgen.

Zur Varroareduktion im Altvolk können 1–2 Fangwaben – offene, vor der Verdeckelung stehende vorzugsweise Drohnenbrutwaben – verbleiben. Diese werden den Großteil (bis zu 90 %) der Varroen auffangen. Nach der Verdeckelung werden die beiden Brutwaben eingeschmolzen und somit die Varroen vernichtet.

Das brutfreie Altvolk kann man jetzt auch noch mit einem Oxalsäurepräparat besprühen oder bedampfen.

Sollte der Varroadruck gering sein oder Fangwaben werden verwendet, genügt jedenfalls eine Behandlung.

Varroaabfall beobachten – Behandlung September–Oktober

In dieser Zeit muss man darauf achten, dass die Varroa in manchen Stöcken nicht zu sehr zunimmt. Auf der Stockwindel sollte in dieser Zeit nicht mehr als 1 Milbe/Tag abfallen. Ist der Abfall höher, sollte man eventuell mit einem Schwammtuch mit Ameisensäure nachbehandeln. Wenn dabei mehr als 30 Milben/Woche abfallen, sollte der Vorgang sicherheitshalber nochmal wiederholt werden. Alternativ kann man auch Oxalsäure verdampfen.

Restentmilbung im Winter bei Brutfreiheit

Erster Frost und 21 Tage dazugezählt, bedeutet Brutfreiheit in den meisten Fällen und man kann mit der Restentmilbung beginnen. Die beste Zeit hierfür ist meist zwischen Mitte November und Ende Dezember, wobei ab dem 21.Dezember die Tage wieder länger werden und die Bienen wieder dazu neigen, in Brut zu gehen. Die klassische Behandlung wäre das Träufeln einer Oxalsäure-Zucker-Lösung in eine fest sitzende Bienentraube (Temperaturen zwischen –5 und +5 °C). Sie ist einfach und schnell durchzuführen und es gibt verschiedene, zugelassene Anwendungspräparate dafür. Die Anwendung ist nach Anwendungsanleitung durchzuführen. Meist ist bis zu 5 ml pro Wabengasse mit einer handwarmen Lösung direkt auf die Bienen zu träufeln. Der Nachteil hier ist, dass es aufgrund der oralen Aufnahme zu Schäden im Verdauungssystem der Bienen kommt. Bitte unbedingt auch die Hinweise bezüglich der Haltbarkeit der verwendeten Lösung beachten. Durch die Lagerung einer angemischten Oxalsäure-Zucker-Lösung entsteht HMF (Hydroxymethylfurfural), das ab einer gewissen Konzentration sehr schnell bienengiftig wird. Bei Temperaturen über +5 °C könnte man z. B. auch Oxalsäure verdampfen oder mit Milchsäure sprühen (je nach Zulassungssituation). Diese Behandlungsarten kann man bei Bedarf auch wiederholen, weil sie relativ gut verträglich sind. Bei einer Studie[xxxiii] in Südengland wurde Mitte Dezember bei Brutfreiheit im Abstand von 14 Tagen 2-mal mit Oxalsäure verdampft und ein Gesamtwirkungsgrad von 99,6 % erzielt. Im Durchschnitt überlebten gerade 6 Milben diese Prozedur je Volk. Damit hätten diese Völker sogar die Chance, ein ganzes Jahr ohne weitere Varroabehandlung zu überleben.

Restentmilbung mit Oxalsäurelösung

REINIGUNG BZW. DESINFEKTION DER BEUTEN

Wenn ein Volk leer ist, werden Wachs und Propolis mit einem Schaber abgekratzt und danach mit einem Dachpappenflämmgerät ausgebrannt, bis das Holz leicht bräunlich eingefärbt ist, um zu vermeiden, dass Rußstoffe (diese enthalten gesundheitsschädliche Stoffe) entstehen und von den Bienen in die frischen Waben eingetragen werden. Es würde im Stock nach verbranntem Holz riechen und der Geruch könnte in die Bienenprodukte (z. B. ins Wachs) gelangen. Nach dem Ausflämmen kann die Beute gleich für den nächsten Stock verwendet werden.

Varroaschulung ist sehr wichtig

RÜCKSTÄNDE IN BIENENPRODUKTEN

Synthetische Akarizide gegen die Varroamilbe

Vor allem in der Anfangszeit der Varroamilbe in Mitteleuropa wurden großflächig, synthetische Akarizide dagegen eingesetzt. Akarizide sind Wirkstoffe zur Bekämpfung von Milben und werden schon seit Längerem gegen Spinnmilben im Obstbau oder auch gegen Hausstaubmilben verwendet. In der Imkerei haben sie sich, weil es sich zum Teil um fettlösliche Substanzen handelt, im Bienenwachs angereichert. Anfangs wurde dies noch sehr positiv interpretiert, nämlich als Heilwaben für das Bienenvolk!

Wo liegt hier das Problem? Der Mensch verwendet seit Jahrhunderten (die alten Griechen verwendeten z. B. Arsen als Insektizid) Pflanzenschutzmittel im Ackerbau. Seit mehr als hundert Jahren werden auch schon synthetische Insektizide verwendet.

Im Unterschied zu diesen Anwendungen (Pflanze/Insekt oder Säugetier/Vögel/Insekt) in der klassischen Landwirtschaft haben wir hier keine Pflanze, die man vor Insekten schützt und auch keine Nutztiere (Vögel, Säugetiere), die man vor Insekten oder Parasiten bewahrt. Hier handelt es sich um das Insekt Biene, das vor der Milbe, die parasitiert, geschützt werden soll. Beide sind im Vergleich zu Tier/Insekt oder Pflanze/Insekt sehr nahe miteinander verwandt.

Die bekanntesten synthetischen Akarizide, die zur Bekämpfung der Varroamilbe verwendet wurden, sind Coumaphos, Tau Fluvalinat und Amitraz. Diese Stoffe haben aber auch eine insektizide Wirkung, sind daher auch der Gesundheit der Bienen nicht zuträglich.

Was hier im Wesentlichen gemacht wurde: Man hat beobachtet, welche Akarizide im Obstbau gegen dort vorkommende Milben schon eingesetzt wurden, und mit diesen wurden Tests an Bienen durchgeführt. Aufgrund der Resultate (tödlich für die Milbe, möglichst wenig schädigend für die Bienen) wurden dann Anwendungsempfehlungen für die Imkerei herausgegeben. Von der chemischen Ebene betrachtet, hat man die Akarizide genommen, die relativ gut von den bieneneigenen Entgiftungsenzymen abgebaut werden können. Schon ein paar Jahre später bemerkte man, dass diese Wirkstoffe in der Imkerei nicht mehr richtig funktionierten, das heißt, nach der Anwendung starben zwar einige Milben, es waren aber immer noch zu viele im Volk.

Junge Larven können durch kontaminiertes Bienenwachs getötet werden.

Warum funktionierten diese synthetischen Wirkstoffe nur ein paar Jahre?

- Milbe und Biene sind relativ nahe biologische Verwandte, daher existiert nur ein relativ schmaler Bereich, um den Parasiten zu töten und den Wirt nicht zu stark zu schädigen. Man hat daher keine besonders große Auswahl an verschiedenen Wirkstoffen.
- Zum Unterschied vom Obstbau, wo die Wirkstoffe vom Sonnenlicht und von Mikroorganismen abgebaut, vom Wind verblasen, vom Regen abgewaschen etc. werden, hat man im Bienenstock weder viel Abbau noch Abtransport der Substanzen, sondern noch zusätzlich die Anreicherung im Bienenwachs. Dies führt zu permanentem Kontakt zwischen Akarizid und Milbe.
- Dieses ständige Vorhandensein dieser Wirkstoffe im Bienenstock hat die Konsequenz, dass es zu einer Selektion bei den Milben kommt, sodass zwar bei den

ersten Anwendungen viele sterben, aber danach vermehren sich nur mehr Milben, die recht unempfindlich auf diese synthetischen Wirkstoffe sind – die Milben wurden resistent.

Reinigung des Wachses

Konsequenzen für die Varroabehandlung in den letzten Jahrzehnten

In den letzten Jahrzehnten ging der Trend in Mitteleuropa eindeutig in Richtung natürliche organische Säuren (Ameisensäure, Oxalsäure), die sich in recht kurzer Zeit wieder verflüchtigen, dadurch keine Rückstände hinterlassen und relativ hohe Wirkungsgrade haben. Eine Verhaltensresistenz ist zwar theoretisch möglich, sobald nicht brutfrei behandelt wird (die Varroa kann sich in der Brut verstecken und erhöht damit zumindest geringfügig ihre Überlebenschance), wurde aber noch nirgends beschrieben. Weiters erfreuen sich die totale Brutentnahme, die Drohnenbrutentnahme, die Fangwabenmethode im brutfreien Zustand, das Käfigen der Königin, um Brutfreiheit herzustellen, und auch die Bannwabenmethode immer größerer Beliebtheit.

Pestizidanreicherung im Bienenwachs weltweit betrachtet

In anderen Teilen der Welt, speziell am amerikanischen Kontinent, ist man lange Zeit einen anderen Weg gegangen. Wenn Resistenzen gegen sich im Bienenwachs anreichernde synthetische Akarizide auftreten, hat man zwei weitere Möglichkeiten, diese Stoffe weiterzuverwenden. Man kann die Dosis erhöhen oder man verwendet andere Stoffe in Kombination.

Das erste Problem, das bei höheren Dosen auftritt, ist, dass man Bienenwachs nicht mehr als menschliches Nahrungsmittel verwenden darf.

INFO!

Wenn Bienenwachs als menschliches Nahrungsmittel verwendet wird, gibt es einen EU-Grenzwert für Coumaphos (MRL) und der liegt bei 100 µg/kg (= 100 ppb (parts per billion)). [xxxiv]

Das andere Problem, das bei ansteigenden Dosen von synthetischen Akariziden auftritt, ist die zunehmende Bienengiftigkeit.

Ab 100.000 ppb Coumaphos im Wachs werden schon mehr als 50 % der Königinnenzellen nicht mehr angenommen. Ab 1.000.000 ppb entwickeln sich gar keine Königinnen mehr. [xxxv]

Eine umfangreiche amerikanische Studie[xxxvi] beschäftigte sich 2010 mit Rückständen aus Akari-, Bio- und Pestiziden in Bienen-, Wachs- und Pollenproben, gezogen aus Stöcken von Wanderimkern aus vielen Staaten der USA und einer kanadischen Provinz. Im Pollen wurden 98 Pestizide und Abbauprodukte in teilweise recht hoher Konzentration gefunden. Coumaphos wurde in 98 % der Proben mit einer maximalen Konzentration von 91.900 ppb gefunden. Aber auch das wasserlösliche Neonicotinoid Imidacloprid wurde mit 133,6 ppb gefunden.

Leider ist bei dieser Studie nicht auf den Kontaminationsweg – wie Neonics ins Wachs gekommen sind – eingegangen worden. Dadurch, dass speziell in landwirtschaftlichen Regionen immer wieder Neonics – neben vielen anderen sich im Bienenwachs anreichernden Pestiziden – auch im Grundwasser (z. B. 4,54 ppb Imidacloprid, 3,89 ppb Thiamethoxam)[xxxvii] und in Oberflächenwässern (63 ppb Thiamethoxam)[xxxviii] gefunden wird, wäre nämlich auch eine Verunreinigung beim Wachsschmelzen durch vom Imker verwendetes Grund- bzw. Oberflächenwasser denkbar.

Verdünnungseffekt beim Wachs

Natürlich gibt es auch einen Verdünnungseffekt, wenn Bienen Waben aus belasteten Mittelwänden ausbauen. In einer italienischen Studie wurde herausgefunden, dass sich die Konzentration in der frisch ausgebauten Wabe im Vergleich zur Mittelwand auf ein Drittel reduziert.[xxxix]

Rückstände in Wachs und Honig

Heutzutage sind die Messmethoden schon so ausgereift, dass man beinahe in jedem Lebensmittel Rückstände, z. B. von Pestiziden oder natürlichen Giften, finden kann. Auch in der biologisch geführten Bienenwirtschaft, wo man nicht gleich daran denkt, dass es hier zu Belastungen kommen kann, werden immer wieder Schadstoffe gefunden. Alleine schon durch die Luftverfrachtung aus der Industrie kommt es zu Schwermetallbelastungen, durch den Ankauf von Futtermitteln aus Ackerbaugebieten kann es neben konventioneller Bewirtschaftung zur Kontamination in abgelegenen Gebieten kommen.

Würde man heute genaue Pestiziduntersuchungen in allen Lebensmitteln durchführen, wären Produkte sehr viel teurer und es kämen viele Belastungen zum Vorschein – auch in unseren Bienenprodukten. Vor allem werden im Bienenwachs sehr viele fettlösliche Pestizidrückstände gespeichert. Ich selbst war sehr überrascht, dass ich bei Sicherheitsbewertungen für verschiedene Propolis-Cremes darauf hingewiesen wurde, dass sich im Bienenwachs, egal ob biologischer oder konventioneller Herkunft, auch krebserregende Stoffe befinden können.

Rückstände im Bienenwachs

In den letzten nahezu 40 Jahren, in denen wir gegen die Varroamilbe behandeln müssen, kam es laufend zur Beeinträchtigung von Bienenwachs und Winterfutter. Bei der Verwendung von fettlöslichen Mitteln (Coumaphos, Fluvalinat, Brompropylat, Flumethrin) kam es zur Anreicherung im Bienenwachs. Diese Stoffe sind im Wachs nach einmaliger Verwendung 15 Jahre und länger feststellbar. Bei Verwendung von flüchtigen Verbindungen, wie das ätherische Öl Thymol, kommt es zu einer Anreicherung im Wachs und auch im Honig können manchmal Rückstände nachgewiesen werden. Beim Einsatz von Ameisensäure und Oxalsäure (beides natürliche Honigbestandteile – daher keine Fremdstoffe im Bienenvolk) kommt es nur zu einer kurzfristigen Anreicherung im Winterfutter, die sich normalerweise in ein paar Wochen wieder abbauen, besonders bei höheren Temperaturen oder Feuchtigkeiten. Bei ätherischen Ölen kommt es zu Anreicherungen, die sich im Laufe der jährlichen Einsätze summieren können. Deshalb kann es sein, dass Honig nach Thymol schmeckt, weil der Imker das Mittel unsachgemäß angewendet oder vom Brutraum Waben in den Honigraum umgehangen hat. Der Trend hin zu großen Bruträumen ist von diesem Gesichtspunkt positiv, weil es zu keiner Mischung im Honigraum kommen kann, da man die Großwaben nicht raufhängen kann.

Von der Rückstandsproblematik her betrachtet, ist es notwendig mit biologischem, rückstandsfreiem Bienenwachs oder mit Naturbau zu beginnen. Hier kann man davon ausgehen, dass die Rückstände so gering sind, dass sie nicht mehr vom Wachs in den Honig wandern. Für die Bienengesundheit ist Naturbau bzw. Rähmchen mit Anfangsstreifen noch besser. Danach sollten die jährlichen Behandlungen gegen die Varroa möglichst mit tierarzneimittelfreien Methoden, wie Königin Käfigen, mit Fangwaben-, Bannwabenmethode oder totaler Brutentnahme, durchgeführt werden. Auf diese Weise kann man auch jedes Jahr alle Waben aus dem Volk entfernen und für Wabenerneuerung sorgen. Verwendet man die ausgeschleuderten Honigwaben im Brutraum – falls man die gleiche Wabengröße hat, überhaupt kein Problem –, hat man auch keine Wachsmottenprobleme, da kaum Waben übrigbleiben.

Natürlich ist der Aufwand mit diesen Alternativbehandlungen etwas größer, aber es hat den Vorteil, nicht von der temperatur- und luftfeuchtigkeitsempfindlichen Ameisensäurebehandlung abhängig zu sein. Wenn die gesamte Brut im Volk verdeckelt oder ausgelaufen ist, gelingt es mit Fangbrutwaben, die Milbenanzahl unter die Schadgrenze zu drücken, ohne dass Tierarzneimittel eingesetzt werden müssen. So können auch mit gutem Gewissen Spättrachten genutzt und bis Ende August Honig geschleudert werden.

Sollte mit Ameisensäurepräparaten gegen die Wachsmotten bei honigfeuchten Honigraumwaben behandelt werden, sollte man im Frühjahr diese Waben nicht ungelüftet in den Honigraum hängen, denn der Frühtrachthonig könnte noch einen erhöhten Ameisensäurewert aufweisen.

In einer Schweizer Studie[xl] wurde eine Erhöhung des natürlichen Ameisensäuregehaltes von ca. 36 mg/kg auf ca. 105 mg/kg gemessen. Hier wurden die honigfeuchten Waben einmal eine Woche vor dem Aufsetzen mit 80 ml 85 %iger Ameisensäure pro 100 Liter Rauminhalt behandelt. Diese Waben wurden ungelüftet auf die Honigräume aufgesetzt und fünf Wochen später wurde geschleudert.

MODERNER WACHSUMLAUF

Alte Waben mit Mittelwänden unsicherer Herkunft sollten am besten ausgeschmolzen und zur Kerzenproduktion verwendet werden.

Entdeckelungswachs, Drohnenschnittwachs, Naturbauwachs können für die Mittelwandproduktion verwendet werden.

Interessant ist, dass organische Säuren (Ameisen- und Oxalsäure) und ätherische Öle in Honigen auch natürlich vorkommen.

Beispiele für den Thymol-Gehalt:

- Lindenblütenhonig bis zu 160 µg/kg
- Sonnenblumenhonig bis zu 20 µg/kg
- Edelkastanienhonig bis zu 6 µg/kg

Einschmelzen der Futterwaben von toten Völkern

Einschmelzen der Brutraumwaben verstorbener Wintervölker

Junger Wabenbau ist eine Voraussetzung für gesunde Völker.

WACHSQUALITÄT – WACHSVERFÄLSCHUNGEN

Durch den Handel mit Bienenwachs kommt es immer wieder, getrieben auch durch die Geldgier des Menschen, zu Wachsstreckungen, speziell seit Pestizidrückstände ein großes Thema wurden und die Wachspreise für rückstandsfreies Wachs stark angezogen haben. Das Wachs wird hauptsächlich mit Paraffin und Stearin gestreckt. Wird Paraffin beigegeben, das früher auch schon gemacht wurde, gibt es eventuell ein Problem mit einer zu niedrigen Schmelztemperatur, sodass die Waben bei Hitze weich werden und zusammenklappen können. Wird Stearin dazugegeben, gibt es häufig Probleme durch die toxische Wirkung auf die Bienenbrut[xli]. Ein Bienenvolk zeigt häufig schlecht ausgebaute Waben, abgenagte Mittelwände und Schrotschussbrut oder Ähnliches und schwächelt so vor sich hin und kann im Extremfall auch daran sterben. 2017–2018 wurden größere Mengen an mit Stearin versetztem Bienenwachs in Europa verkauft und viele Imker hatten Probleme damit. Deshalb wäre es wichtig, rückstandsfreies oder biologisches Bienenwachs aus vertrauenswürdiger Quelle zu kaufen oder, noch besser, mit dem eigenen Bienenwachs auszukommen. Erhält man kein vertrauenswürdiges Wachs oder will man jegliche Gesundheitsgefährdung durch Bienenwachsrecycling ausschließen, kann man z. B. die Bienen über Dreiecksoberträger die Waben komplett selbst bauen lassen. Mit der Dreiecksleiste wird die Richtung im Rähmchen für den Wabenbau vorgegeben und auch dafür gesorgt, dass die Waben mittig gebaut werden.

Wachskreislauf/-strecke für Mittelwände:

- Kauf von Bio-Mittelwänden
- Schmelzen von Entdeckelungswachs
- Drohnenwabenwachs
- Wildbau

Grundsätzlich sollte das Entdecklungswachs für die Mittelwände verwendet werden, weil dieses Wachs immer frisch gebaut wird und nicht schon fünfmal wiederverwendet wurde.

BIENENVIREN BEI DER ERWACHSENEN BIENE

Ein Viruspartikel ist extrem klein und besteht nur aus einer Erbinformation und einer Eiweißhülle. Dieser Partikel braucht eine Wirtszelle, um sich vermehren zu können. In der Virus-Erbinformation sind alle Informationen gespeichert, um diese Wirtszelle so umzuprogrammieren, dass diese viele neue Virenpartikel produziert.

Der Schaden für den Wirtsorganismus hängt davon ab, wie viele und welche Zellen für die Virusproduktion verbraucht werden.

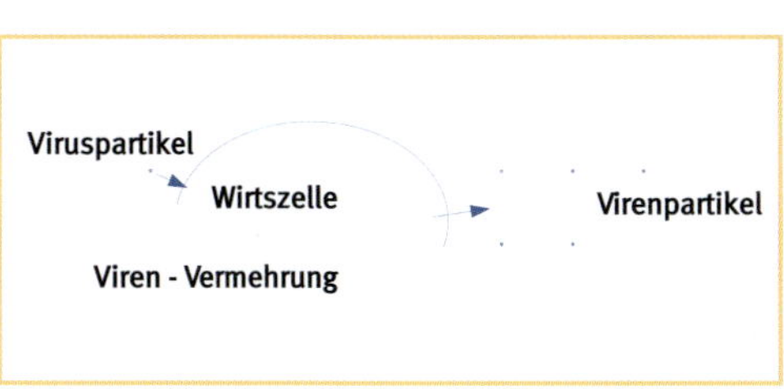

Virenvermehrung

Es gibt knapp 20 verschiedene, bekannte Viren der Honigbiene. Und so wie bei vielen gesundheitsbeeinflussenden Faktoren bei der Biene, gibt es nur wenige erkennbare Symptome bei infizierten, erwachsenen Bienen. Das heißt, die Viren infizieren eine Biene und vermehren sich in ihrem Körper, ohne diese sichtbar zu schädigen. Der Flügeldeformationsvirus (verkrüppelte Flügel bei frischgeschlüpften Jungbienen) und der Chronische Paralysevirus (zitternde haarlose Bienen) sind bei sehr fortgeschrittener Infektion hier die bekanntesten Ausnahmen.

Diese Viren sind auch kein neues Phänomen, vermutlich begleiten sie die Biene schon den größten Teil ihrer ca. 100 Millionen Jahre langen Evolution. Das heißt auch, dass sich Viren und Bienen prinzipiell in einem sehr stabilen Gleichgewicht befanden und Viren bei Bienen keine so umfassenden Folgen hatten, wie z. B. eine Grippeepidemie bei uns Menschen.

Dieses Gleichgewicht wurde aber durch die Varroaparasitierung der Honigbiene empfindlich gestört, denn zu den bekannten Virusübertragungsmöglichkeiten kam eine neue hinzu.

Königinnenlarve schwimmt im Futtersaft. Sie ist eventuell auch mit krankmachenden Viren belastet.

ÜBERTRAGUNG

Grundsätzlich erfolgt die Übertragung dieser Viren innerhalb eines Bienenstockes auf horizontaler oder vertikaler Art:

- Bei einer vertikalen Übertragung wird der Virus direkt von der Königin an ihre Eier weitergegeben.
- Bei einer horizontalen Übertragung wird das Virus von Biene zu Biene oder Biene zu Larve übertragen. Eine horizontale Übertragung kann durch gegenseitiges Füttern stattfinden oder durch die Aufnahme von verunreinigten Honig- oder Pollenvorräten. Es kann aber auch eine Jungkönigin bei der Paarung von virusinfizierten Drohnen angesteckt werden.

Die Varroamilbe kann auch viele dieser Virenarten zwischen Bienen und Larven übertragen, indem sie Virenpartikel direkt injiziert.

Hier gilt es zu unterscheiden:

AKUTER PARALYSEVIRUS (ABPV)

Der „tödliche" Akute Paralysevirus (ABPV) braucht weniger als 100 Akute Paralyseviren, wenn er direkt injiziert wird (z. B. von der Varroamilbe), während bei der oralen Aufnahme (z. B. über die Fütterung) schon 10.000.000.000 Akute Paralyseviren notwendig sind, um eine Biene zu töten.[xlii]

Das führt zum eigentlich unerwarteten Ergebnis, dass dadurch, dass der Virus die Biene bzw. auch die Brut so schnell tötet, es schon einen Befall von mehr als 10.000 Varroen pro Bienenstock braucht, um eine Gefahr darzustellen. Zum besseren Verständnis: Die mit dem Akuten Paralysevirus infizierte Varroamilbe steigt in die Brut. Nach der ersten Mahlzeit verstirbt die Brut und die Varroamilbe verstirbt ebenfalls neben der verwesenden Puppe unter dem Zelldeckel. Falls es die mit dem Akuten Paralysevirus infizierte Varroamilbe lebendig aus der Brut schafft und ihren Reifungsfraß auf einer erwachsenen Biene beginnt, wird diese mit dem Virus infiziert und alsbald ihren „Sterbeflug" antreten, sodass unsere Milbe wieder eine sehr hohe Sterbewahrscheinlichkeit hat.

Verlierer ist sowohl die Milbe als auch das Virus, weshalb der Akute Paralysevirus momentan kein großes Problem für die Imkerei darstellt.

DEFORMIERTER FLÜGELVIRUS (DEFORMED WING VIRUS, DWV)

Der „harmlose" Flügeldeformationsvirus (DWV) zeigt bei einer Infektion einer erwachsenen Biene keine Folgen – weder optisch noch wirkt er sich auf die Lebenserwartung aus. Prinzipiell kann aber eine Infektion in jedem Entwicklungsstadium der Biene stattfinden (Ei, Larve, Puppe und erwachsene Biene) und führt ebenfalls normalerweise zu keinen Problemen. Das Ei kann sowohl von der Königin selbst als auch vom Sperma des Drohns infiziert werden. Nur wenn eine Biene im Puppenstadium mit dem Flügeldeformationsvirus infiziert wird (z. B. durch eine Varroamilbenparasitierung) führt das zu einer Reduktion der Lebenserwartung von 50–75 % der erwachsenen Biene. Dies wiederum führt dazu, dass bereits 2.000 Varroamilben im Herbst zum Tod eines Bienenvolks während der Wintermonate, in denen aufgrund der niedrigen Temperaturen keine umfangreiche Brut erfolgreich großgezogen werden kann, also der Massewechsel sehr lange hinausgezögert wird, führen können.

Flügeldeformationsvirus: Biene ist bereits einige Tage alt.

Flügeldeformationsvirus bei einer frisch geschlüpften Biene

Dieses Phänomen tritt daher bei Bienen in warmen Ländern ohne ausgeprägten Winter kaum auf, denn durch den beständigen Massewechsel gibt es in diesen Ländern auch häufiger „Varroatolerante" Bienen.

Man kann sagen, dass speziell beim Flügeldeformationsvirus eine höhere Varroendichte in einem Bienenstock sehr häufig zu einem deutlich schwereren Verlauf dieser Infektion führt.

Der Flügeldeformationsvirus vermehrt sich ebenfalls in der Varroamilbe und wird im Laufe des bis zu 5-maligen Vermehrungszyklus eines Varroamilbenweibchens auch mehrmals auf Bienen und Larven übertragen.

Für den Imker ist vor allem wichtig zu wissen, dass er, wenn er eine mit Flügeldeformationsvirus infizierte Biene mit verkrüppelten Flügeln in einem Volk sieht, annehmen kann, dass er ein Gesundheitsproblem hat. Denn nicht jede Puppe, die durch eine Varroaparasitierung mit einem Flügeldeformationsvirus infiziert wird, schlüpft mit verkrüppelten Flügeln.

Eine italienische Studie[xliii] zeigt auch, dass bereits kleinste Dosen weitverbreiteter Neonics (Clothianidin und Imidacloprid) zu einer Schwächung des Bienenimmunsystems führen, was wiederum die Vermehrung des Flügeldeformationsvirus in der Honigbiene fördert.

Das Verzehren des Fett-Eiweißkörpers durch die Varroamilbe bewirkt auch eine zusätzliche Förderung der Virusverbreitung, weil ein großer Teil des Immunsystems sprichwörtlich verflüssigt und aufgefressen wird.

Da es keine direkte Bekämpfungsmöglichkeit von Bienenviren gibt, kann man als Imker also nur Folgendes machen:

- die Varroenanzahl im Bienenvolk immer unter der Schadschwelle halten,
- auf Zugang zu sauberem Wasser achten,
- falls notwendig, mit Futtersirup füttern.
- Dann leben die Viren und Bienen wieder im historisch gewachsenen evolutionären Gleichgewicht.

KASHMIR BIENEN VIRUS (KBV)

Der Kashmir Bienen Virus (KBV) ist ein enger Verwandter des Akuten Paralysevirus. Normalerweise führt er zu keinen Symptomen. Aber bei einer starken Infektion stirbt die erwachsene Biene relativ schnell. In Bezug auf Varroa gilt im Wesentlichen das Gleiche wie beim Akuten Paralysevirus, siehe S. 86.

CHRONISCHER BIENENPARALYSEVIRUS (CBPV)

In den Wintermonaten 2017–2018 kam es auf einem Bienenstand bei einigen Bienenvölkern zu starkem Totenfall. Von 30 Bienenvölkern starben letztendlich 5 und einige winterten schwach aus. Ein frühes Erwachen im Frühjahr sollte die Bienenvölker beflügeln. Sie entwickelten sich aber nur langsam und im Juni passierte etwas Seltsames.

Plötzlich stellten wir am Flugloch schwarzsüchtige Bienen ohne Haarkleid fest, die von augenscheinlich gesunden Bienen aus dem Stock geworfen wurden. In den Stöcken fanden wir auch stark zitternde Bienen ohne Haarkleid. Das ging drei Wochen lang so, bis wir mit der Varroabehandlung mit Ameisensäure begannen. Nach der ersten Behandlung, da die Temperaturen sehr hoch waren, wirkte die Ameisensäure sehr gut und die kranken Bienen starben zum Großteil weg. Ein Volk war vorher schon stark geschwächt durch den Virus und wurde ausgeraubt. Nach der zweiten Ameisensäurebehandlung erholten sich die Völker wieder und im Winter 2018–2019 sind die Völker stark und leben.

Chronischer Paralysevirus

Ein am Chronischen Paralysevirus verendetes Volk

Das Volk ist schon sehr geschwächt.

Die Bienen verlieren das Haarkleid.

Kranke Bienen werden entfernt.

Das Chronische Bienenparalysevirus (CBPV) befällt erwachsene Bienen. Die infizierten Bienen sterben innerhalb weniger Tage. Bei stark befallenen Völkern sind die Symptome sehr eindrucksvoll:

- Zitternde, kaum flugfähige Bienen mit aufgeblähtem Hinterleib.
- Auch auf das direkte Anblasen mit dem Smoker reagieren sie kaum.
- Haarlose Bienen, die von gesunden Bienen vertrieben werden.
- Im Stock sitzen haarlose, stark zitternde Bienen, die auch auf den Waben abkoten und damit das Virus weiterverbreiten.
- Die Völker verlieren an Bienenmasse.
- Befallene Bienen sterben oft im Stock (sie sind schon Tage vorher flugunfähig).
- Ein hoher Boden kann sich mit toten Bienen füllen.
- Das Verhältnis von Bienen und Brut ist nicht stimmig, meist gibt es zu viel Brut.
- Akute CBPV-Infektionen treten hauptsächlich im Sommer oder Herbst auf.

Behandlung der am Chronischen Bienenparalysevirus erkrankten Völker

Hier hat man das Problem, dass viele erwachsene Bienen das Virus in sich tragen und durch das Abkoten im Stock auch die Brutwaben eine hohe Virenpartikelanzahl aufweisen. Man kann daher die befallenen Stöcke separieren, um die Virenausbreitung am Stand zu verkleinern.

Aber Achtung vor Bienenverflug! Auch außerhalb des Stockes übernachtende Flugbienen würden, falls man befallene Völker auf einen anderen Standplatz bringt, dann den Nachbarstöcken eine erhöhte Virenlast bescheren. Der Imker würde diese nur in den seltensten Fällen direkt bemerken. Diese Virenlast würde aber zu schwächeren Völkern und mit schlechtem Timing im Herbst auch bis hin zu Völkerausfällen führen. Dann könnte man versuchen, mit sehr kleinem Flugloch und Futtertasche auf der dem Flugloch abgewandten Seite einen geruchlosen Sirup zu füttern, um Räuberei möglichst zu vermeiden. Manche Völker sind aber schon so stark befallen, dass sie das Futter kaum annehmen, sondern sich eher darin ertränken. Falls Varroabefall vorhanden ist, kann man auch Schockbehandlungen mit Ameisensäure versuchen. Falls das Volk sich nicht erholt, sollte man den Stock und seinen Inhalt vor der Wiederverwendung gründlich reinigen und desinfizieren. Auf jeden Fall die Waben oder die Futterwaben von solchen Völkern mit Virenbelastung ausschmelzen.

BRUTKRANKHEITEN

AMERIKANISCHE FAULBRUT (BÖSARTIGE FAULBRUT) – VORBEUGEN – ERKENNEN – BEKÄMPFEN

Die Amerikanische Faulbrut ist eine anzeigepflichtige Krankheit und nach wie vor in manchen Gebieten ein großes Problem. Treten nur Einzelfälle auf, kann die Krankheit auch schnell wieder behoben werden. Ich bin schon seit einigen Jahrzehnten Seuchensachverständiger und habe so manche Gebiete im Osten Österreichs gesäubert. Falls die Amerikanische Faulbrut bei den Völkern auftaucht, braucht sich der Imker nicht zu schämen oder zu fürchten. Die Krankheit kann mit vereinten Kräften relativ schnell beseitigt werden. Im Bienenseuchengesetz steht, dass der Imker die Sanierung selbst durchführen sollte. Sie müssen sich jetzt vorstellen, es handelt sich um einen Neueinsteiger oder um einen älteren Imker, der schon etwas betagt ist. Beide sind wahrscheinlich nicht im Stande, die Sanierung durchzuführen. Es ist deshalb wichtig, dass die Sanierung ein erfahrener Imker oder ein beeideter Sachverständiger durchführen sollte. Es können zu viele Fehler passieren, welche die Krankheit trotz Sanierung weiter lodern lassen.

In Österreich werden jährlich zwischen 50 und 400 Fälle gemeldet. Es werden immer wieder verschiedene Gebiete befallen. Dort, wo Sanierungen ordentlich durchgeführt wurden, gibt es oft 20 Jahre keine Erkrankungen an Amerikanischer Faulbrut.

Grundsätzlich: Für diese Erkrankung müssen Sporen in den Völkern vorhanden

Verwahrloster Bienenstand

Ausgeraubtes Volk

sein. Ich habe mir am Anfang meiner Imkerlaufbahn gedacht, dass die Amerikanische Faulbrutsporen ohnehin latent in den Völkern zu finden seien. Dann, wenn das Volk Schwächeerscheinungen aufweist, hervorgerufen durch die Varroamilbe, und die Brutpflege durch das Fehlen der Bienen ins Hintertreffen gelangt, schlägt die Amerikanische Faulbrut zu und das Volk erkrankt. Ich bin dann eines Besseren belehrt worden. Es gibt sehr viele Bienenvölker, in denen man keine Sporen findet.

Der Erreger

Der Erreger der Amerikanischen Faulbrut heißt *Paenibacillus larvae larvae* – früher *Bacillus larvae* – und wurde 1906 das erste Mal beschrieben. Der Erreger ist in der Dauerform eine äußerst widerstandsfähige Spore, die vielleicht über 100 Jahre in der Erde schlummert und nur darauf wartet, ausgegraben zu werden. Die Sporen gelangen über damit versetzten Honig, der nach dem Verbrennen von Faulbrutwaben in die Erde versickert und zu schnell abgeronnen ist, in den Boden. So wurden die Sporen nicht abgetötet. Wird das Erdreich wieder freigemacht, können sich die Bienen nach Aufnahme des Futters wieder anstecken. Die Spore überlebt extreme Temperaturen und kann erst nach einer Einwirkungszeit von 20 Minuten bei 120 °C abgetötet werden. Deshalb muss man das Reinwachs ohne Wasser, mit dem schafft man es aufgrund des niedrigen Siedepunktes von Wasser nur auf 100 °C erhitzen kann, auf 140 °C erhitzen. Bienenwachs sollte man nicht höher als auf 180 °C erhitzen. Ab 190 °C beginnt der Übergang des flüssigen Bienenwachses in die gasförmige Phase. Diese brennbaren Gase sind extrem gefährlich und sollten deshalb in allen Bereichen der Imkerei absolut vermieden werden.

Altersabhängige Anfälligkeit der Larven bei der Aufnahme von Amerikanischen Faulbrutsporen

Zur Ansteckung der Larven kann es eigentlich nur in den ersten fünf Tagen kommen. In den ersten Lebensstunden der Larve reicht eine Spore aus, um sie anzustecken. Ist die Larve 2 Tage alt, braucht sie schon 10.000 Sporen, um angesteckt zu werden. Zwischen dem 3. und 4. Tag braucht sie 100.000 Sporen und ab dem 5. Lebenstag ist eine Infektion nicht mehr möglich, da die Larve schon zu groß und damit resistent ist.

Gesunde Arbeiterinnenbrut

Wie sieht das Krankheitsbild aus? Was sind die ersten Anzeichen?

Solange keine fadenziehende Masse in der Brut vorhanden ist, ist es relativ schwierig, die Krankheit zu erkennen. Die ersten Anzeichen sind ein lückenhaftes Brutnest. Das bedeutet, dass irgendetwas für den Brutausfall verantwortlich sein muss. Das kann nun verschiedene Ursachen haben.

- Die Königin ist defekt und belegt nicht alle Zellen.
- Inzuchtschäden der Königin.
- Lückenhaftes Brutnest durch Kalkbrut oder Steinbrut.
- Europäische Faulbrut.
- Sackbrut.
- Viren, die zum Tode der Larven führen, und diese werden dann ausgeräumt.
- Oder Amerikanische Faulbrut.

Eingesunkene, löchrige, feucht-glänzende Zelldeckel

Eindeutig wird es dann, wenn es sich um löchrige, eingesunkene, feucht-glänzende Zelldeckel handelt. Oftmals hatte ich das Vergnügen, 20 Völker auf Amerikanische Faulbrut zu kontrollieren, und ausgerechnet bei einem unauffälligen starken Volk fand ich eine eingefallene Zelle, in der sich dann die eindeutig identifizierbare fadenziehende Masse der Amerikanischen Faulbrut befand. In diesem Fall wäre eine Futterkranzprobenuntersuchung, siehe S. 95 f., sinnvoller, aber das Gesetz sieht es nach wie vor so vor, dass nach den klinischen Symptomen, also nach der fadenziehenden Masse, gesucht werden soll.

Stehen gebliebene verdeckelte Zellen im Honigraum

Oftmals hängen Imker noch immer verdeckelte Brutwaben über das Absperrgitter in den Honigraum, sodass sie ihren Wabentausch über dem Absperrgitter vollziehen können. Da die Zellen von den Bienen im Honigraum später ausgeräumt werden, stößt man manchmal, wenn es keine verkühlte Brut ist, auf abgestorbene Brut durch die Amerikanische Faulbrut.

Geruch der schleimigen Masse nach Leim

Seuchensachverständige behaupten, sie würden die Amerikanische Faulbrut schon von Weitem riechen. Ich bilde mir ein, einen guten Geruchsinn zu haben, aber von 10 Metern Entfernung habe ich den Geruch noch nie wahrgenommen. Ist ein Bienenvolk aber schon in einem fortgeschrittenen Stadium der Krankheit, sodass kaum mehr Brut am Leben ist, rieche auch ich außerhalb des Stockes am Flugloch und besonders, wenn ich den Stock öffne, den leimartigen Geruch.

Zustand des Zelleninhaltes unter dem Zelldeckel

Bin ich mir nicht sicher, was mich in der Zelle erwartet, mache ich die Streichholzprobe, öffne die Zelle und erforsche den Madeninhalt. Sollte eine braune fadenziehende Masse zum Vorschein kommen, handelt es sich um die bösartige Amerikanische Faulbrut.

1) Fadenziehende Masse der Amerikanischen Faulbrut; 2) Amerikanische Faulbrut; 3) Amerikanische Faulbrut im Endstadium

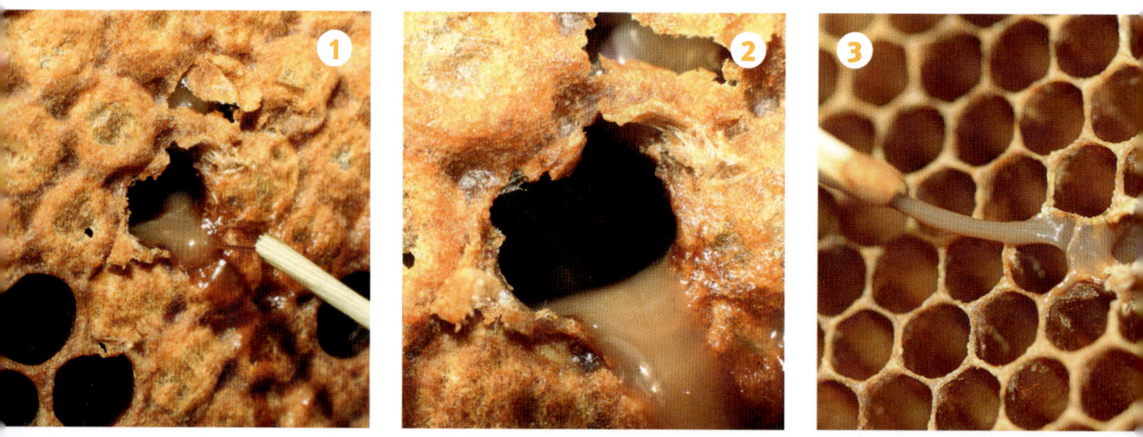

Es gibt 5 Genotypen von der Amerikanischen Faulbrut

ERIC-I-Typ

Der ERIC-I-Typ tötet die Larve erst nach der Verdeckelung und ist deshalb gefährlicher als Typ II, da man ihn schwerer erkennt. Beim ERIC I bleiben die Zellen verdeckelt, sind kaum feucht-glänzend und er tritt inselförmig auf.

Das heißt, dass auf einer Brutwabe oft nur ein Teil von kreisrunder, dunkler erscheinender, abgestorbener Brut zu finden ist. Ganz am Anfang, wenn nur wenige Zellen betroffen sind, ist die Amerikanische Faulbrut kaum erkennbar. Man muss die Zellen öffnen, damit man zur fadenziehenden Masse kommt.

ERIC-II-Typ

Der ERIC-II-Typ tötet die Larve vor der Verdeckelung. Solange es die Bienen schaffen, die kranken Larven hinauszuwerfen, kommt es nicht zum Ausbruch der Amerikanischen Faulbrut. Ein starkes Volk mit einem guten Putztrieb kann sich erfolgreich wehren, wenn nicht zu viele Sporen in den Stock gelangen. Wenn die Krankheit doch ausgebrochen ist, findet man die feuchtglänzenden, gelöcherten Zelldeckel mit der fadenziehenden Masse.

Die Typen III und IV und V kommen in Österreich eher selten vor.

Wo findet man Sporen von der AFB?

- Schorfe auf der Wabe
- Sporen im Honig
- Sporen im Pollen
- Sporen auf den Bienen (in den Haaren)
- In den Bienen (Honigblase, Mitteldarm, Kotblase)
- Im Wachsmottenkot

Wie kommt es zur Verbreitung im Stock?

- Die Ammenbiene nimmt die Sporen über den Honig oder den Pollen auf.
- Die Ammenbiene füttert die Junglarve.
- Die Larve nimmt das Sporenfutter auf.
- Die Sporen gelangen in den Mitteldarm der Larve.
- Die Sporen keimen aus und werden zu Stäbchenbakterien.
- Die Bakterien durchdringen die Darmwand und gelangen in den offenen Blutkreislauf.
- Die Larve stirbt durch eine Blutvergiftung.
- Solange die Zelle nicht verdeckelt wird, hat die Biene die Möglichkeit, die Larven zu beseitigen, ohne dass es zum Ausbruch der Amerikanischen Faulbrut kommt. Dies können in der Saison mehrere Hundert erkrankte Larven sein.
- Wird der Zelldeckel verschlossen, bildet sich die fadenziehende Masse.
- Letztendlich öffnen die Bienen den Zelldeckel und verteilen die schleimige Masse im ganzen Stock.
- Trocknet die Larve zum Schorf ein, werden die Sporen ebenfalls im ganzen Stock vertragen (der Schorf in einer Zelle beinhaltet 6 Millionen Sporen).

Wodurch entsteht die Verbreitung von Volk zu Volk?

- Räuberei
- Von abgestorbenen Völkern am Bienenstand, die an Amerikanischer Faulbrut erkrankt waren.
- Stille Räuberei unter den Völkern
- Umhängen von erkrankten Brutwaben
- Ablegerbildung von erkrankten Völkern
- Schlamperei des Imkers (Liegenlassen von Wabenstücken, Aufhängen von Drohnenwaben)
- Verflug von kranken Bienen in gesunde Völker

Ein Faulbrutherd

Höchste Ansteckungsgefahr

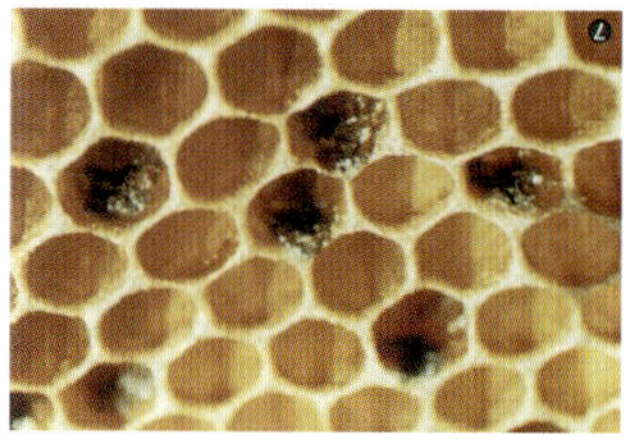
Schorfe von der Amerikanischen Faulbrut

Wie kann man der Ansteckung von Amerikanischer Faulbrut vorbeugen?

Warum sollen fremde Schwärme nicht sofort am Bienenstand aufgestellt werden?

Wie schon erwähnt, hat der Schwarm durch mitbringende Sporen ein extrem hohes Gefahrenpotential. Wenn dieser nun auf dem eigenen Bienenstand dazugestellt wird, kann es rasch zur Ausbreitung der Amerikanischen Faulbrut führen. Warum eigentlich? In der Honigblase schlummern die Sporen. Eine Beute mit Mittelwänden wird vorbereitet. Danach wird der Schwarm in die vorbereitete Beute eingeschlagen, mit Oxalsäure gegen die Varroamilbe behandelt, ihm Futter gegeben und nach der Verdeckelung der Brut tritt auf einmal Faulbrut auf. Was ist falsch gemacht worden? Der Schwarm baut nach der Futtergabe die Mittelwände aus und lagert das überschüssige Futter ein. Das Futter in der Honigblase wurde bisher aber nicht aufgebraucht, denn ein Schwarm nimmt von zu Hause sehr viel Futter mit, sodass er eine Woche damit überleben kann. Dieses sporenverseuchte Futter wird in den Waben eingelagert und deshalb vermehrt sich die Amerikanische Faulbrut wieder weiter.

Wie werden fremde Schwärme versorgt?

Schwärme, die einfach so kommen und sich vielleicht in der Nähe vom Bienenstand ansammeln, oder wenn der Imker von der Gemeinde oder sonstigen Menschen gerufen wird, um einen Schwarm zu fangen, muss man mit Vorsicht behandeln. Vorerst sollte die rechtliche Situation ermittelt werden. Kann der Schwarm eingefangen werden, ohne dass es Probleme gibt? Sollte sich der Schwarm in der Nähe eines anderen Bienenstandes befinden, sollte der andere Imker gefragt werden, ob der Schwarm von seinen Völkern abgegangen ist. Wenn dies nicht so ist und keiner Interesse an dem Schwarm zeigt, kann man ihn fangen. Es ist deshalb bezüglich der Amerikanischen Faulbrut Vorsicht geboten, da der Schwarm, obwohl er vielleicht von einem starken Volk stammt, eine Vielzahl an AFB-Sporen beinhalten kann. Was macht man nun? Der Schwarm wird mit ordentlicher Belüftung (Schwarmkiste mit Rundumbegitterung und genügender Größe des Kastens) in einen finsteren Keller gestellt. Es braucht nicht allzu kalt sein (20 °C) in diesem Raum, aber stockdunkel. Der Schwarm bleibt 24 Stunden in Dunkelhaft und deshalb müssen, wenn sich ein Fenster in dem Raum befindet, diese mit zumindest einem schwarzen Müllsack abgedunkelt werden. Warum wird der Schwarm in den Keller gestellt? Damit nach 24 Stunden, natürlich ohne Fütterung versteht sich, die Sporen von der Honigblase durch Verbrauch des Futters in den Darm gelangen. Somit werden die Sporen sozusagen neutralisiert. Beim nächsten Ausflug der Bienen koten sie irgendwo außerhalb des Stockes ab und die Sporen spielen keine Rolle mehr.

Beutendesinfektion

Grundsätzlich sollte jedes Bodenbrett im Frühjahr einmal gewechselt und gereinigt werden. Egal ob Gitterböden, wo das Gemülle und Krankheitskeime ins Freie fallen, oder geschlossene Böden, die während des Winters von Zeit zu Zeit gereinigt werden, verwendet werden, trotzdem muss im Frühjahr eine ordentliche Reinigung stattfinden. Wiederum mit Stockmeissel und Lötlampe oder effektiver mit einem Flämmgerät führt man diese Aktion durch. Sobald eine Zarge, ein Futtertrog oder andere Stockteile frei werden, alle Reste abkratzen und mit Wärme behandeln.

Keinen fremden Honig oder Blütenpollen verfüttern

Fatale Folgen könnte es haben, wenn man mit Sporen versetzten alten Honig verfüttert, den irgendjemand vorbeigebracht hat und derjenige nicht weiß, ob der Honig noch genießbar ist. Ja den verfüttere ich jetzt meinen Bienen, weil dieser so gut für sie ist, ich aber nicht weiß, dass dieser hochgradig verseucht ist. Binnen kürzester Zeit, je nach Sporenbelastung des Honigs, kommt die fadenziehende Masse zum Vorschein. Dieser Sarkasmus weist auf meine Strenge als Bienenseuchensachverständiger hin. Imker machen vielfach diesen Fehler, woraufhin eine Seuche folgen kann, die dann große Sperrgebiete über die Bezirksbehörden nach sich zieht.

Bienenvölker nicht in der Nähe von Mülldeponien aufstellen!

Mülldeponien sind eine große Gefahrenquelle. Menschen werfen oft nach dem Genuss die Honiggläser weg, ohne sie vorher auszuwaschen. Diese landen dann auf Mülldeponien und die Bienen naschen an diesen Gläsern und nehmen kontaminierten Honig auf. Egal ob In- oder Auslandshonig, jeder Honig kann Sporen beinhalten. Auch jegliche Plätze oder Haushalte, wo Honig in irgendeiner Form frei für Bienen wird, stellen eine Gefahr dar.

Die Futterkranzprobe

Besitzt man nur 3 Völker, nimmt man die Probe von allen dreien, ansonsten jeweils von 6 Völkern. Nach den Wintermonaten, womit 7 Monate abgedeckt sind, in denen die Bienen kontaminiertes Futter eingebracht haben können, nimmt man die Futterproben mit Hilfe eines Löffels vom Futterkranz unmittelbar über der Brut. Wenn man bevorzugt von alten Brutwaben die Proben nimmt, deckt man noch größere Zeiträume ab. Im Moment gibt es staatliche Förderungen für diese Untersuchung und man zahlt nur den Selbstbehalt. Wird im Labor nun Amerikanische Faulbrut festgestellt, muss das Labor eine Anzeige bei der zuständigen Bezirksbehörde durchführen, egal, wie hoch die Sporenbelastung ist. Auch bei geringer Sporenbelastung ist es nicht sicher, ob es schon zum Ausbruch der Faulbrut bei einzelnen Völkern gekommen ist. Es kommt auch immer darauf an, ob der Imker gerade von stark oder schwach belasteten Waben die Proben genommen hat. Wenn man von einem Bienenstock von jeder Brutwabe Futterkranzproben nimmt, kann es hier schon gewaltige Unterschiede in der Belastung geben.

Wie wird eine Futterkranzprobe entnommen?

Richtigerweise wird Winterfuttergemisch in Form von Honig-Zucker mit einem Einweglöffel von den ältesten Brutwaben, in denen bereits Brut vorhanden ist, aus dem bereits umgetragenen, flüssigen, offenen Teil des Futterkranzes unmittelbar über der Brut entnommen. Damit wird zumindest, wenn man die Proben Anfang April herausnimmt, die ganze Winterzeit abgedeckt, in der Sporen durch Räuberei in den Stock gelangt sein können.

Wer darf diese Proben untersuchen?

In Österreich ist die erste Anlaufstelle noch immer die AGES mit dem Institut für Bienenkunde in Wien. Es gibt seitens der Landesverbände zumeist Imkerschullabors, die diese Untersuchungen auch durchführen. Natürlich muss der Imker darauf achten, dass die Proben richtig eingesendet werden, da die Untersuchungen ohne die Förderung das Vierfache kosten.

Was wird im Labor gemacht?

Anerkannte Labors setzen zumeist auf Agar-Agar-Nährböden die Futterproben an und lagern diese auf einer konstanten Temperatur von 37 °C. Nach drei Tagen sieht man dann, ob sich Kolonien der Amerikanischen Faulbrut gebildet haben. Auch werden in den Labors Schräg-Agar-Agartests durchgeführt, in denen sich Kolonien bilden.

INFO!

Amtliche Untersuchungsstelle in Österreich ist die

AGES (Österreichische Agentur für Gesundheit und Ernährungssicherheit)
Abteilung Bienenkunde und Bienenschutz

Spargelfeldstraße 191
1220 Wien

Die Amerikanische Faulbrut wurde entdeckt, was ist nun zu tun?

Nachdem die Amerikanische Faulbrut zu den gesetzlich meldepflichtigen Krankheiten gehört, muss ein jeder, der diese Krankheit erkennt, der zuständigen Bezirksbehörde (Landkreis) Bericht erstatten. Es sollte auch ausreichend sein, die Meldung an den beeideten Bienenseuchensachverständigen weiterzuleiten, der dann die Sache ins Rollen bringt.

Der Amtstierarzt oder der Sachverständige kommt

Nachdem die Meldung beim Bezirksveterinär gemacht worden ist, sollte sobald wie möglich entweder der Amtstierarzt oder der Sachverständige vorbeikommen. Es gibt in der Zwischenzeit in Österreich Tierärzte, die eine fundierte Ausbildung bezüglich Bienenkrankheiten genossen haben. Von der Behörde kommt nun jemand, der die Bienenvölker untersucht. Beim ersten Auftreten der klinischen Symptome, wenn die schleimige fadenziehende Masse zum Vorschein kommt, nimmt der Sachverständige oder Tierarzt eine Probe. Dies kann die ganze Wabe sein oder nur ein Brutwabenstück. Diese Probe wird dann ordentlich verpackt und sichergestellt. Nach der Durchsicht aller anderen Völker wird festgestellt, ob noch weiterhin klinisch positive Völker zu finden sind. Wenn zum Beispiel von 10 Völkern 7 erkrankt sind, muss man dem Imker vorsichtig nahelegen, dass er seine Bienen abtöten muss. Sollten nur 3 Völker befallen sein, dann rät man ihm, dass er diese 3 abtöten muss und alle anderen über Kunstschwärme saniert.

Sperre des Bienenstandes

Vorerst wird der Bienenstand vom Amtstierarzt bei Verdacht auf Amerikanische Faulbrut gesperrt.

Errichtung einer Gebietssperre von der Behörde

Der Amtstierarzt schickt die entnommene Probe im Namen der Behörde weiter an die dafür vorgesehene Untersuchungsstelle (in Österreich die AGES). Sollte der Imker eigenmächtig handeln und eine Probe ohne den Auftrag der Behörde zur Untersuchung schicken, kann es passieren, dass der Absender die vollen Kosten für die Untersuchung tragen muss, die sonst der Staat übernimmt. Wenn vom Labor ein positiver Befund ausgestellt wird, folgt von der Behörde ein Bescheid über eine Gebietssperre im Ausmaß von 3 Kilometern.

Ermittlung der Bienenvölker im Radius

Nach Errichtung der Gebietssperre ermittelt der Amtstierarzt mittels des VIS (Veterinärinformationssystem, in dem alle Bienenvölker registriert sein müssen, siehe S. 150) die Bienenstände im Sperrradius. Sollten Bienenstände auftauchen, die nicht im VIS gemeldet sind, kann der Amtstierarzt Verwaltungsstrafen verhängen.

Untersuchung der Bienenvölker im Sperrradius

Der Seuchensachverständige bekommt von der Behörde den Auftrag, die Völker im Sperrradius zu untersuchen. Sollten weitere Bienenstände klinische Symptome aufweisen, wird der Sperrradius erweitert.

Was tun, wenn ein erkrankter Bienenstand erst im November entdeckt wird?

Es kommt wiederum darauf an, wie viele Völker erkrankt sind. Wenn von 10 Völkern mehr als 5 erkrankt sind, wird man alle Völker abtöten müssen, da die Amerikanische Faulbrut schon zu weit fortgeschritten ist. Sind hingegen nur 2–3 erkrankt, tötet man diese Stöcke ab und die weiteren 7–8 Völker werden erst, sobald es möglich ist, meistens im April des nächsten Jahres, saniert. Man muss warten, bis die ersten Jungbienen im April geschlüpft sind, da die alten Bienen die Sanierung, wenn sie auf sich alleine gestellt wären, nicht überleben würden.

Sanierung eines betroffenen Bienenstandes

Es ist vor einer Sanierung wichtig, dass im Vorfeld alles vorbereitet wird. Obwohl nach dem Gesetz in Österreich der Imker verpflichtet ist, die Sanierung selbst durchzuführen, wäre es sinnvoll, dass entweder ein Sachverständiger oder ein Imker mit diesbezüglicher Erfahrung dabei ist. Ein kleiner Fehler, wie z. B. das Aufheben und wieder Einhängen einer ausgeschleuderten Jungfernwabe in bereits sanierte, saubere Völker, reicht schon, um das ganze Dilemma von vorne beginnen zu lassen. Wichtig ist, dass die Sanierung zügig vonstattengehen kann. Ich fordere den Imker vor der Sanierung auf, alle Honigräume abzunehmen und den Honig herauszuschleudern. Die geschleuderten honigfeuchten Waben und der Schleuderhonig müssen bienendicht verwahrt werden.

Darf der Honig außerhalb des Radius verkauft werden?

Normalerweise dürfte kein Bienenmaterial aus dem Radius transportiert werden und auch nichts darf in den Radius hineingebracht werden. Am heikelsten sind Bienenvölker, die hin und her transportiert werden. Wenn sich jemand im Vorfeld nicht informiert, kann er in Teufelsküche kommen, da dann mehrere Delikte vorliegen: 1. Einwanderung in den Sperrradius, vielleicht 2. Auch noch ohne Wandergenehmigung und 3. ohne Eintragung ins VIS. Vielleicht hat er obendrein den Stand auch nicht beschildert. 4 Delikte – macht in Österreich € 1.600. Der Honig stellt ein Problem dar. Normalerweise müsste er entsorgt und dürfte auf keinen Fall verkauft werden, da er ein großes Gefahrenpotential birgt. Man rät dem Imker, dass er den Honig selbst verzehrt, sodass keine Bienen dazukommen. In den meisten Fällen macht aber der Amtstierarzt eine Ausnahme und der Honig darf vom Imker verkauft werden.

Immer den ganzen Bienenstand sanieren

Alle Völker mit klinischen Symptomen werden abgeschwefelt. Alle anderen, die scheinbar gesund sind, werden über Kunstschwärme saniert. Auch wenn ein Volk keine klinischen Symptome zeigt, kann es sein, dass es binnen kürzester Zeit durch einen Überhang von Faulbrutsporen krank wird. Darüber braucht man nicht diskutieren, es muss der ganze Stand saniert werden. Es gibt vom Staat oft eine Förderung für abgetötete oder sanierte Völker. Für abgetötete sind das zum Beispiel € 100.- und für über Kunstschwarm sanierte Völker € 80.-

Abschwefeln von kranken Bienenvölkern

Falls man ein Bienenvolk aufgrund von klinischen Symptomen abtöten muss, wartet man bis spät am Abend, bis die letzte Biene nach Hause gekommen ist. Danach verschließt man das Flugloch mit Schaumstoff. Es gibt zwei Varianten des Schwefelns, entweder den Schwefelstreifen oder flüssigen Schwefel in der Flasche. Den Schwefelstreifen formt man zu einem V, zündet ihn an und gibt ihn von hinten über den Putzkeil ins Bodenbrett auf eine Aluplatte, damit der Stock nicht abbrennt. Den Flüssigschwefel führt man über einen Schlauch zwischen Deckel und Zarge ein und drückt auf den Auslöser, sodass das Gas in die Beute strömt und die Bienen tötet. Traurig, aber wenn man Erfolg haben will, sind auch solche Dinge notwendig. Nach einer Stunde müssen das Wabenmaterial und die toten Bienen verbrannt werden.

Offenes Sanierungsverfahren

Bei der offenen Sanierung bleiben die Völker am Bienenstand. Voraussetzung für diese Methode ist aber, dass die Bienen von außen kein Futter bekommen, also dass

1

2

3

4

5

1) Brutwaben werden in eine desinfizierte Beute gekehrt.

2) Abkehren der Brutwaben

3) Abkehren der Brutwaben

4) Man sollte nicht vorm Flugloch stehen.

5) Bauunterbrechung im Bodenbrett nicht vergessen

6) Leerwaben und Brutwaben getrennt

7) Auskratzen von Propolis und Wachs

8) Abflämmen aller Holzteile

9) Ende einer Sanierung

keine Tracht ist. Die besten offenen Sanierungen habe ich bei Regenwetter oder sehr kaltem Wetter unter 10 °C durchgeführt, als die Bienen nicht fliegen konnten und deshalb auch keinen Nektar oder Honigtau einbrachten.

Kellerhaft

Wenn zu schönes Wetter ist und zu viel Nektar oder Honigtau gesammelt wird, müssen die Kunstschwärme in den Keller gebracht werden.

Vorbereitungen für die Sanierung

- Schwarmkiste oder großer Karton mit ordentlicher Belüftung
- Desinfizierte Beute
- Abkehrtrichter aus Metall oder Karton
- Flämmgerät, Lötlampe, Dampfstrahler, Heißluftpistole
- Abkehrbesen
- Wasserzerstäuber
- Gefäß mit Wasser zur Händereinigung
- Desinfektionsmittel
- Leere Einheiten

Feuerstelle errichten

Da es sich hier eine Amtshandlung handelt, kann der Amtstierarzt am Land anweisen, dass die Brutwaben an Ort und Stelle verbrannt werden. In der Nähe des Bienenstandes wird ein Loch von 1,5 m Tiefe gegraben und mit Holz eine Feuerstelle errichtet. Hier werden nach und nach die Brutwaben verbrannt. Diese Aktion muss aber vorher vom Amtstierarzt über die Gemeinde feuerpolizeilich abgeklärt sein. Am Ende der Brutwabenvernichtung, nachdem alles abgebrannt ist, wird der Rest im Erdloch mit Kalk bestreut und zugeschüttet. In der Stadt geht das natürlich nicht. Hier müssen die Brutwaben in eine Müllverbrennungsanlage

Wasserzerstäuber, damit die Bienen im Stock bleiben

gebracht werden. In manchen Ausnahmefällen erlaubt der Amtstierarzt das Ausschmelzen aller Waben, mitsamt den Brutwaben. Die Brutwaben müssen aber so schnell wie möglich ausgeschmolzen werden, da sonst zu viele Bienen schlüpfen.

Beim Erstellen der Kunstschwärme werden die Bienen mit dem Abkehrbesen von den Waben in desinfizierte Beuten oder Kunstschwarmkisten oder Kartons eingekehrt. Kräftiges Schütteln wäre fehl am Platz, da man eventuell frischen Nektar mitreinschüttelt. Beim Abkehren werden die Brutwaben von den Honigwaben getrennt. Bei einer Sanierung muss unbedingt ein Helfer dabei sein, damit die Waben schnell unter Verschluss in die Zargen oder in große Säcke kommen. Am Anfang der Sanierung braucht man nur eine desinfizierte Beute. Diese wird an die Stelle des ersten Stockes gestellt und die Bienen eingekehrt. Nachdem die erste Beute frei wird, muss diese mit einem Flämmgerät desinfiziert werden. Danach kann sie für den zweiten Stock verwendet werden. Bei der Sanierung hat man gleich die Möglichkeit, die Bienen mit einer zugelassenen Oxalsäurelösung gegen die Varroamilbe zu besprühen.

Bleiben die Völker am Stand oder kommen sie in den Keller?

Wenn eine gute Tracht herrscht, kommen die Bienen in den Keller. Spätabends, wenn der Bienenflug beendet ist, verschließt man die Stöcke mit einem Fluglochgitter. Sollte die Höhe des Bodenbrettes 9 cm sein und das Bodenbrett vorne 5 cm hoch und über die gesamte Breite des Flugloches offen sein, müsste der Kunstschwarm durch das Luftgitter genügend Luft im Keller bekommen. Dies gilt für Vollholzböden. Keine Probleme hat man bei Gitterböden. Diese Stöcke müssen dementsprechend auf Leerzargen kreuzversetzt gestellt werden. Somit bekommen die Bienen im Keller genügend Luft. Es kann im Keller im Sommer durchaus 20 °C haben, nur muss es stockfinster sein. Also ist alles abzudunkeln.

Reinigung des Bienenstandes?

In der heutigen Zeit ist es nicht mehr üblich, die Bienen in einer Bienenhütte zu halten. Damit kann man den Bienenstand auch dementsprechend leichter desinfizieren. Man hat zum Beispiel die Möglichkeit, alle Holzteile (Staffeln) abzubrennen oder durch neue zu ersetzen. Den Bienenstand könnte man um 2 Meter nach vorne oder hinten versetzen und den kontaminierten Boden umstechen, mit Kalk bestreuen und frischen Grassamen einrechen.

Wie lange bleiben die Bienen im Keller?

Normalerweise geht es darum, dass die Bienen das Futter von der Honigblase verbrauchen und der Rest in den Darm gelangt.

Brutwaben werden verbrannt.

Verbrennung von altem Pultständer

Damit können die Bienen, nachdem sie die neuen Mittelwände ausgebaut haben, kein sporenhaltiges Futter mehr einlagern. Aus meiner Erfahrung weiß ich, dass die Bienen schon nach 24 Stunden, also in der Dämmerung am zweiten Tag, aus dem Keller geholt werden müssen. Ich warte nicht so lange, bis die ersten verhungerten Bienen abfallen, da dies eine Qual für die Bienen ist und die Schwärme binnen kürzester Zeit tot sind.

Kunstschwarm im Keller

Aufstellen der Schwärme am 2. Tag in den Abendstunden

Warum werden die Schwärme erst in den Abendstunden wieder auf den Bienenstand gebracht? Die Bienen müssen schon noch 2 Stunden Zeit haben, das heißt, es muss noch hell sein, um sich neu einzufinden. Wenn man davon ausgeht, dass die Bienen ohnehin in den Stöcken im Keller waren, braucht man diese nur hinaustragen und aufstellen. Es wäre gut, wenn man die Stöcke mit Nummern beschriftet, damit man weiß, an welchem Platz die Stöcke gestanden haben, damit die Bienen am nächsten Morgen wieder die gewohnte Umwelt vorfinden und sich zurechtfinden. Wenn man Kunstschwärme in desinfizierte Beuten macht, sollte man, wenn man einen Vollholzboden hat, ins Bodenbrett einen Karton oder ein steifes Papier einlegen, das vor dem Einschlagen der Schwärme herausgenommen wird. Die Bienen putzen sich in Kellerhaft und dieses Gemülle nimmt man mit der Einlage heraus. Bei offenen Gitterböden fällt das Gemülle ohnehin durch das Gitter. Nach dem Aufstellen der Stöcke werden die Fluglöcher, nachdem man vorsichtig mit dem Smoker in die Flugöffnungen geraucht hat, geöffnet. Danach schlägt man die Bienen samt Königin, die in der Traube sitzen sollte, in die Beuten. Schnell gibt man die Mittelwände in den Stock und einen desinfizierten Futtertrog darauf und gießt 4 Liter Zuckerwasser ein.

Einschlagen der Kunstschwärme in desinfizierte oder neue Beuten

Sollten die Bienen im Keller in Kartons oder Schwarmkisten verbracht haben, bringt man diese auch nach 24 Stunden zum Bienenstand. Am Stand sind schon alle desinfizierten Beuten, gefüllt mit neuen Rähmchen mit Mittelwänden, für die Bienen vorbereitet. Bei dieser Aktion darf es nicht zu dunkel sein, da ich schon bei der Sanierung die Königinnen gesucht und in Versandkäfige mit Futterteig untergebracht habe. Hierbei könnte auch die Königin, wenn sie nicht entsprochen hat, durch eine neu begattete getauscht werden. Wichtig ist, dass der Tausch schon bei der Erstellung des Kunstschwarmes erfolgt, damit bis zum Freigeben der Königin mindestens 24 Stunden vergehen. Der Käfig mit der Königin wird jetzt aus jedem Schwarm herausgenommen und in den neuen Beuten zwischen den Mittelwänden eingeklemmt und zum Ausfressen freigegeben. Danach werden die Futtertröge aufgesetzt und 4–5 Liter Zuckerlösung hineingegeben. Ein Einlaufbrett wird dann ans Flugloch gestellt und die Schwärme aufs Brett geschüttet. Nachdem die Bienen die Pheromone der Königin wahrnehmen, beginnt eine Wanderung in den Stock.

Warum lässt man die Bienen einlaufen?

Um zu vermeiden, dass jegliches sporenhaltige Material in den Stock gelangt, schüttet man die Bienen auf die Fläche vor den Stock.

Einlaufenlassen über eine Aufstiegshilfe

Vorteile einer Kunstschwarmbildung (Sanierung):

- Neue desinfizierte Beuten
- Neue Mittelwände
- Bienen sind nahezu Varroafrei.
- Königin kann leicht ersetzt werden.

Desinfektion der Maschinen und Geräte

- Die Honigschleuder wird desinfiziert, indem sie mit einem Hochdruckreiniger heiß ausgewaschen wird. Danach wird diese mit einem lebensmitteltauglichen Desinfektionsmittel (Alkohol) eingesprüht. Nach einer Einwirkzeit von 20 Minuten wird die Schleuder wiederum ausgewaschen.
- Alle Holzteile, wie Normal- oder Ablegerbeuten, werden mit einem Flämmgerät behandelt und danach vielleicht noch in Ätznatronlauge ausgekocht.
- Kunststoffbeuten werden in Natronlauge gekocht. Es wird eine 3 %ige Lauge hergestellt, indem man in kaltes Wasser das Ätznatron hineingibt – nie umgekehrt, da es sonst zu schweren Verätzungen kommen kann. Ganz schlimm würde es ausfallen, wenn man in heißes Wasser Ätznatron gibt. In diesem Fall steigt das Ätznatron wie ein Vulkan aus dem Wasser.
- Futtergeschirr aus Kunststoff säubern und desinfizieren.
- Abkehrbesen wird verbrannt.
- Kleidung wird ausgekocht.

Nachbehandlung der Kunstschwärme

Wenn die Schwärme zur Zeit der Auffütterung erstellt werden, kann man die Völker wöchentlich auffüttern, so lange, bis der Futtervorrat erreicht worden ist. Wurden die Schwärme während der Saison gemacht, muss man sich den Gegebenheiten anpassen und nur füttern, wenn es notwendig ist.

2 Monate nach der Sanierung

Es sollte eine gewisse Zeit verstreichen, damit in den Bienenvölkern wieder verdeckelte Brut zu finden ist, sodass der Seuchensachverständige die Völker auf klinische Symptome kontrollieren kann. Sollte die Brut in Ordnung sein und auch alle anderen Bienenvölker im Sperrradius von 3 Kilometern, kann nun die Sperre mittels Bescheid vom Amtstierarzt aufgehoben werden.

Was wird mit dem ausgeschleuderten Wabenmaterial gemacht?

Die Waben sollten unmittelbar nach der Schleuderung in Säcke verpackt und danach, als Faulbrutwachs deklariert, einem Wachsverarbeitenden Betrieb zugeführt werden. Hat man selbst einen Dampfwachsschmelzer, schmilzt man die Waben aus, klärt das Wachs und verwendet dieses für

Kerzen. Somit geht das Wachs auch in Flammen auf und die Sporen werden getötet.

Verarbeite ich mein Wachs selbst?

Habe ich alle Wachsgerätschaften zu Hause, habe ich sehr wohl die Möglichkeit, auch Faulbrutwachs selbst weiter zu verarbeiten. Nach Klärung des Wachses erhält man das Reinwachs. Da das Wachs aus Fettsäuren besteht, habe ich nun die Möglichkeit, es auf mindestens 140 °C zu erhitzen. Hält man die Hitze für 20 Minuten auf über 120 °C, sind die Sporen abgetötet. Somit kann ich das Wachs zu Mittelwänden weiterverarbeiten, ohne dass die Faulbrut nochmals entflammt.

EUROPÄISCHE FAULBRUT – GUTARTIGE FAULBRUT (STINKBRUT, SAUERBRUT)

Die Europäische Faulbrut hat in den letzten Jahrzehnten in Österreich kaum für Aufregung gesorgt und es gab schon lange keine Ausbrüche mehr. Sie wird auch weltweit als eher harmlose Krankheit eingestuft. Sie ist in Österreich als nicht anzeigepflichtige Krankheit eingestuft und muss nur bei Massenauftreten, wenn über 30 % der Völker von dieser Krankheit befallen sind, gemeldet werden. Die größten Probleme hatte in den letzten 20 Jahren unser Nachbarland Schweiz mit der dort Sauerbrut genannten Krankheit. Es mag vielleicht auch an der dunklen Biene liegen, die sich gegen die europäische Faulbrut nicht so gut wehren kann. In Österreich hält doch noch der größte Anteil der Imker die Carnica-Biene, die mit der Europäischen Faulbrut kaum Probleme hat. Auch von anderen Bienenarten, die bei uns gezüchtet werden, hört man keine Klagen, dass die Gutartige Faulbrut eine Rolle spiele. Wir hatten vor 10 Jahren einen Bienenstand, auf dem aus heiterem Himmel bei einigen Völkern die Europäische Faulbrut auftrat. Pro Stock waren ungefähr 15 Brutzellen zu sehen, die von den Bienen geöffnet wurden und in denen sich eine tote, dunkel verfärbte Streckmade befand. Es dauerte aber nicht lange und die Krankheit verschwand wieder, wie sie gekommen war. Ohne imkerlichen Einsatz kam es zur Selbstheilung der Bienenvölker.

Die Erreger der Europäischen Faulbrut

- *Melissococcus pluton* (Haupterreger, auch *Streptococcus pluton* genannt)
- *Streptococcus faecalis*
- *Bacillus alvei*
- *Achromobacter eurydice*

Melissococcus pluton ist sehr klein und nur unter dem Mikroskop für Spezialisten sichtbar. Als Dauerform bildet dieses Bakterium eine Kapsel. Die Bienenlarven können nur in den ersten 48 Stunden ihres Lebens angesteckt werden. Zumeist kommt es durch die schnelle Erkrankung und das Erkennen der Bienen kaum zur Verdeckelung. Vorausgesetzt, das Volk weist einen guten Putztrieb auf, kommt es nicht zum Ausbruch der Europäischen Faulbrut, da die Bienen die Larven rechtzeitig ausräumen. Falls der Befallsdruck aber zu hoch ist, verbreiten die Bienen durch das Ausräumen die Faulbrut im ganzen Volk. 2005 gab es in der Schweiz über 250 gemeldete Fälle. Dieses Problem zog sich trotz Sanierungen über mehrere Jahre hin. Es wurden Bienenstände mehrmals befallen, was die Imker verzweifeln ließ. Wahrscheinlich wurde die Krankheit oft zu spät erkannt und der Befallsgrad war zu hoch oder die Sanierungen wurden auch nicht sorgsam durchgeführt.

Bei hohem Befall durch die Varroamilbe kann eine Bruterkrankung auftauchen, die der Europäischen Faulbrut sehr ähnlich ist und oft von Experten nicht unterschieden werden kann. Es erfolgt eine Mischinfektion, bei der, übertragen durch das Akute Paralysevirus, sowohl Viren und Bakterien für die Zersetzung der Maden verantwortlich sind.

Ansteckungsmöglichkeiten

- Verflug unter den Völkern
- Räuberei am eigenen Bienenstand
- Räuberei an eingegangenen Bienenvölkern von anderen Bienenständen
- Mangelnder Putztrieb bei Sporeneintrag
- Vereinigung von gesunden mit kranken Völkern
- Austausch von infizierten Brut- und Honigwaben
- Verfütterung von Honig und Pollen
- Aufhängen von Waben (Drohnenbrut-, Melezitosewaben)
- Freie Aufstellung von Entdeckelungswachs
- Aufstellen von Honigbehältern und Honigschleuder zum Ausschleckenlassen

Entwicklungszyklus der Europäischen Faulbrut

- Die Ammenbiene füttert die Junglarve mit Sporenmaterial.
- Die Larve nimmt das Futter mit den Bakterien auf.
- Die Bakterien keimen im Mitteldarm aus und vermehren sich.
- Die Larve stirbt.
- Bei rechtzeitiger Erkennung kommt es nicht zum Ausbruch, da die Bienen die Larven entfernen.
- Bleibt die Larve unentdeckt, wird sie von anderen Bakterien zersetzt.
- Der Geruch nach Sauerkraut breitet sich aus.
- War die Sporenbelastung nicht zu hoch, erlebt die Larve noch das Streckmadenstadium und spinnt sich ein. Es verbindet sich der Mitteldarm mit dem Enddarm und die Made kotet in der Zelle ab. Dabei kommt es zu einer raschen Vermehrung der Bakterien am Zelldeckel und zu einer lackähnlichen, gefleckten, schwarzen Deckelverfärbung.
- Wenn die Larve noch immer nicht stirbt und von den Bienen ausgeräumt wird, wird der nächste Erreger aktiv, nämlich *Bacillus alvei*. Der Erreger arbeitet sich durch die Darmwand ins Innere der Made.
- Den Rest erledigen dann *Streptococcus faecalis* und *Achromobacter eurydice*, die den Madenkörper zersetzen.
- Beim Ausräumen der Zellen verteilen die Bienen die Bakterien im ganzen Volk.

Erscheinungsformen der Europäischen Faulbrut

- Lückenhaftes Brutnest.
- Die Larven in den offenen Zellen sind gelblich bis braun verfärbt und liegen verdreht in der Zelle.
- Die Bakterien unter dem Zelldeckel sieht man durch dunkle Verfärbungen.
- Löchrige Zelldeckel
- In der Zelle befindet sich im Streckmadenstadium eine breiige, nicht fadenziehende Masse.
- Schwarzer Schorf mit glatter, glänzender Oberfläche findet sich am Zellboden, liegt dort locker und lässt sich leicht mit einer Pinzette herausheben.

Diagnose

- Kontrolle der Brutwaben

- Streichholztest
- Bakteriologische Untersuchung im Labor
- PCR-Untersuchung im Labor (polymerase chain reaction, Polymerase-Kettenreaktion: Methode, um die DNA im Labor zu vervielfältigen)

Wie bei allen Brutkrankheiten sollten die Brutwaben einmal im Frühjahr und einmal im Herbst kontrolliert werden. In den Herbst- und Wintermonaten passieren die meisten Infektionen, da in der Umgebung vielleicht Bienenvölker zusammenbrechen und die Bienen das übriggebliebene Futter ausrauben und sich damit mit Sporenmaterial anstecken. Die Bienen fliegen dabei nach Hause, füttern die Brut und die Krankheit nimmt ihren Lauf. Sollten hierbei löchrige Nester oder abnorme Brut gefunden werden, muss man einen Seuchensachverständigen hinzuziehen.

Findet man löchrige Zelldeckel, muss man den Inhalt kontrollieren. Ist dieser breiig und stinkt nach Käse oder Sauerkraut, könnte es sich um die Europäische Faulbrut handeln. Der Streichholztest gibt keinen genauen Aufschluss, ob es sich wirklich um diese Krankheit handelt. Oftmals könnte es sich hier um eine Mischinfektion handeln und vielleicht Viren im Spiel sein, die zum Absterben der Brut führen können. Nicht ordnungsgemäße Brutwaben mit löchriger Brut müssen das ganze Jahr hindurch beobachtet werden. Bei solchen unregelmäßigen Brutnestern sollten unbedingt Futterkranzproben oberhalb der Brut vom Futterkranz genommen werden.

Am sichersten für die Diagnose der Europäischen Faulbrut ist aber die Untersuchung der Flugbienen oder älteren Bienen von verdächtigen Völkern, die auf den Brutwaben sitzen. Den Haupterreger der Gutartigen Faulbrut *Melissocucus plutonius* findet man am ehesten in Flugbienen. In der Schweiz wurden in Zusammenarbeit mit mehreren Institutionen und Labors Untersuchungen an Brut, Futterkranz und Bienen gemacht. Bei Völkern, bei denen weder in der Brut noch im Futter der Faulbruterreger zu finden war, konnte der Befall von *Melissococus plutonius* über die Bienen diagnostiziert werden.

Vorbeugung der EFB

- Vorsicht beim Erwerb von Völkern oder Ablegern
- Verwendung nur von neuen Beuten und Rähmchen
- Keine Fütterung von Honig oder Pollen!
- Reduktion (Einengen) der Brutwaben
- Standplätze wählen, an denen die Nährstoffversorgung (Nektar, Pollen) vom Frühjahr bis in den Herbst gewährleistet ist.
- Varroosebelastung niedrig halten.
- In gefährdeten Gebieten die Bienen auf Mittelwände setzen.
- Entfernung von Bienentränken

Leider werden immer wieder dieselben Fehler gemacht, da viele Imker zu den landwirtschaftlichen Sparmeistern zählen, sodass alte und gebrauchte Beuten, Waben, Rähmchen, Maschinen und Geräte in den Betrieb gebracht werden. Als Sachverständiger sieht und erlebt man im Laufe der Jahre einiges. Man kommt oftmals erst auf Umwegen darauf, wo die imkerlichen Utensilien eigentlich erworben worden sind.

Ein schlimmes Problem ist das Blenden von Imkerneueinsteigern beim Kauf von Jungvölkern oder überwinterten Völkern durch erfahrene Imker. Im Moment werden in Österreich 3 Kunstschwärme mit Reinzuchtköniginnen gefördert, die in einer ganz neuen Behausung untergebracht wer-

Wabe mit fortgeschrittener Europäischer Faulbrut in allen Stadien.

den sollten. Was macht manches Mal der Imker? Er verkauft 3 Jungvölker, mit Brutwaben ausgestattet (Ableger), mit oftmals noch dazu einer Wirtschaftskönigin und schreibt auf die Rechnung Kunstschwärme mit Reinzuchtköniginnen. Das ist Betrug und kann schlimme Auswirkungen haben. Brutwaben bergen ein Gefahrenpotential an Sporen, Kunstschwärme nicht, weil nur die nackten Bienen verkauft werden, die auf Mittelwände (frischer Wabenbau) gesetzt werden. Ich weiß, dass die Kontrolle sehr schwierig ist, aber bei manchem Imker sollte nachgehakt und kontrolliert werden.

Sobald ich als Imker ein löchriges Brutnest vorfinde, wäre die erste Maßnahme, die man trifft, das Einengen des Brutraumes, damit möglichst viele Versorgungs- und Reinigungsbienen auf die Brutzellen kommen. Sobald in einer offenen Zelle irgendetwas nicht stimmt, wird sie durchs Einengen von den Bienen schneller erkannt und ausgeräumt.

Es gibt Standorte, an denen die Bienen an Trachtarmut leiden, weshalb die Versorgung der Brut nicht gewährleistet ist. An diesen Standorten besteht das ganze Jahr hindurch die Gefahr, dass sie sich mit Brutkrankheiten anstecken. Dadurch, dass wenig zur Verfügung ist, suchen die Bienen oft beim Nachbarimker, ob es dort was zu holen gibt. Diese Standorte sollten gemieden werden.

Bei zu starker Varroabelastung steigt auch die Virenbelastung. Man weiß, dass das Akute Paralysevirus auch die Europäische Faulbrut auslösen kann. Deshalb muss ein Volk mit starker Varroabelastung auf Mittelwände abgekehrt und sofort mit einem dafür vorgesehenen Varroabekämpfungsmittel behandelt werden.

Bekämpfung (die Bienen bleiben am Bienenstand)

- Oftmals ist es ausreichend, dass man schwach befallene Brutwaben aus dem Volk entfernt und diese einschmilzt.
- Bei stärkerem Befall alle Völker des Standes auf Mittelwände setzen.
- Stark befallene Völker abschwefeln.
- Brutwaben verbrennen.
- Beuten desinfizieren.
- Bienen gegen die Varroamilbe behandeln.
- Umweiseln.

Desinfektion

- Holz- und Ablegerbeuten mit einem Flämmgerät behandeln und zusätzlich mittels Dampfstrahler mit Laugensatz reinigen.
- Styroporbeuten auskratzen und mit heißer 3 %iger Natronlauge waschen.
- Stockmeißel und Rauchapparat mit Lötlampe abflämmen.
- Honigschleuder, Dampfwachsschmelzer, Futtergeschirr und alle abwaschbaren Teile mit Dampfstrahler aus- und abwaschen.
- Alle Vorratswaben einschmelzen.
- Ausgeschmolzene Rähmchen verbrennen.

SACKBRUTVIRUS (SCHIFFCHENKRANKHEIT, SBV)

Der Sackbrutvirus (SBV) führt nur bei der Brut zu sichtbaren Veränderungen.

Die Larve wird normalerweise über eine symptomlos-infizierte Ammenbiene durch den Futtersaft angesteckt. Im Strecklarvenstadium führt dies zum Absterben der Brut, die dann als sackförmiges Gebilde in der Puppenhaut gefangen ist. Nach der Austrocknung bildet sich ein schwarzbraunes Schiffchen, das man locker in der Zelle liegend sehen kann.

Die Varroamilbe kann zwar prinzipiell den Sackbrutvirus übertragen, aber, weil sich für die Milbe nach der Infektion der Brut ihre Sterbewahrscheinlichkeit, gefangen im „Sack" oder „Schiffchen" der Brutzelle, stark erhöht, spielt sie hier keine große Rolle.

Die Sackbrut zählt auch eher zu den harmlosen Bruterkrankungen und tritt selten auf. Meistens kommt es, wenn es den Bienenvölkern bessergeht, zur Selbstheilung.

Das Virus

Die Ammenbiene füttert die Junglarve mit infiziertem Futtersaft (Gelée Royale). Das Virus breitet sich im Fettgewebe, in den Muskeln und im Gehirn aus. Erst nach der Verdeckelung stirbt die Made im Vorpuppenstadium. Der Imker erkennt diese Krankheit dadurch, dass die Zelldeckel rissig und offen sind. Das erste Erscheinungsbild ähnelt sogar der Amerikanischen Faulbrut. Bei näherer Betrachtung sieht man in der Zelle einen Sack, den man mit einer Pinzette als Ganzes herausziehen kann. Es handelt sich hier um die abgestorbene Streckmade, umgeben mit Häutungsflüssigkeit. Ist die Streckmade noch hell, ist sie hochinfektiös. Verfärbt sie sich braun, ist sie kaum mehr ansteckungsfähig. Letztendlich trocknet die Streckmade zum Schorf ein und sieht aus wie ein Schiffchen. Deshalb spricht man auch von der Schiffchenkrankheit. Im Schorf sind die Viren bereits abgestorben und führen zu keiner weiteren Ansteckung.

Sackbrutviren überleben in brutlosen Phasen im Kopf und insbesondere in den Hypoparynxdrüsen der erwachsenen Bienen. Bienen, die an dem Virus erkrankt sind, haben eine verkürzte Lebensdauer, werden früher zu Sammlerinnen, bringen aber kaum etwas nach Hause und sterben bald.

Sackbrut tritt meistens im Frühjahr auf, verschwindet aber dann, wenn eine starke Tracht einsetzt. Durch den Einsatz von Königinnen, die einen ausgeprägten Putztrieb vererben, kommt es kaum zum Ausbruch der Sackbrut, da befallene Larven frühzeitig erkannt und ausgeräumt werden.

Krankheitsbild

- Lückenhaftes Brutnest
- Rissige, offene Zelldeckel
- Streckmade in einem Sack, umgeben mit Häutungsflüssigkeit
- Schiffchenförmiger Schorf mit aufgedrehtem Kopf

Die Sackbrut kann durch Räuberei oder Verflug der Bienen von Volk zu Volk übertragen werden, insbesondere wenn ein Volk stark erkrankt ist. Der Imker trägt das Seinige dazu bei, indem er entweder kranke Völker zukauft oder von Sackbrutvölkern Ableger oder Wabenmaterial verteilt.

Sackbrutstreckmade

Brutwabe mit Sackbrut

Durch ständiges Nektarangebot und viel Brutumsatz, kann man der Sackbrut vorbeugen. Der Futterstrom sollte nie abreißen, auch wenn man mit Flüssigfutter nachhelfen muss. Nachdem die Varroamilbe der Überträger der Sackbrut sein kein, muss die Population niedrig gehalten werden.

Bekämpfung

- Befallene Völker über Kunstschwärme auf Mittelwände in desinfizierte Beuten setzen.
- Abtötung stark befallener Völker.
- Waben ausschmelzen.
- Stöcke mit Flämmgerät desinfizieren.
- Einengen des Brutnestes, sodass nur wenige Brutwaben zu pflegen sind.
- Reizfütterung.
- Umweiselung.

Zur eindeutigen Diagnose müssen Brutwaben mit erkrankten Maden oder Bienen aus erkrankten Völkern in ein Labor eingesendet werden. Das Sackbrutvirus kann mittels molekularbiologischer Methoden nachgewiesen werden.

KALKBRUT

Die Kalkbrut ist eine Pilzerkrankung, sollte aber kein großes Problem darstellen. In meiner gut 40-jährigen Berufserfahrung hatte ich immer wieder mit Kalkbrutfällen zu tun. Kalkbrut wird generell als harmloses Übel eingestuft, da sie leicht zu beseitigen ist.

Der Erreger: *Ascosphaera apis*

(Entdecker: Oliver und Satoir)

Man spricht auch im Gegensatz zur Steinbrut von der Klapperbrut, denn wenn man die Wabe schüttelt, klappern die Mumien in den Zellen.

Entwicklung des Erregers und Infektion der Larve

- Die Ammenbiene füttert die Junglarve.
- Die Junglarve nimmt die Sporen über den Futtersaft auf.
- Die Sporen keimen im Darm der Larven aus.
- Es entwickeln sich dünne Pilzfäden („Hyphen“).
- Bildung von einem Pilzgeflecht (Myzel), das den Mitteldarm und dann den gesamten Körper der Larve durchwächst.
- Absterben im Streckmadenstadium.

1) Streckmade mit Kalkbrut 2) Streckmade ausgefressen mit Kalkbrut 3) Trotz Kalkbrut und Volltracht in Schwarmstimmung 4) Abgestorbene Kalkbrutmumien in der verdeckelten Brut

- Fruchtkörperbildung, wenn männliche und weibliche Pilzfäden zusammenkommen.
- Kugelige Fruchtkörper (Sporangien) sind an der Körperoberfläche sichtbar.

Die Fruchtkörper mit den Sporenballen haben eine Größe von 1/10 mm und sind mit einer klebrigen, derben Hülle gegen physikalische und chemische Einflüsse geschützt. Die Sporenballen enthalten 50 % weibliche und 50 % männliche Sporen.

Wenn diese reif sind, platzen sie auf und werden durch die Luftbewegung im Stock vertragen. Die Spore selbst ist 3/1.000 mm groß, also etwas kleiner als die Nosemaspore. Die Spore ist sehr widerstandsfähig und überlebt:

- 1 Jahr im Pollen
- 2 Jahre im Honig
- den Winter im Honig, Wachs, Pollen, Mitteldarm und Erdboden

Die Wissenschaftler Bochert und Gilliam behaupteten, dass die Sporen zwischen 15 und 38 Jahre infektiös wären.

Wann und wo tritt die Kalkbrut auf?

- Völker im Frühjahr
- Bei Kälteeinbrüchen (Mai/Juni bei den Eisheiligen und der Schafskälte)
- Auf feuchten Standorten

Die ersten Anzeichen für die Kalkbrut sind die ausgetragenen Mumien am Flugloch. Wenn man bei diesen Völkern ins Bodenbrett hineinblickt, wird man weitere Mumien finden. Öffnet man das Volk, findet man Brutwaben mit löchrigem Brutnest vor, da die Bienen bereits Kalkbrutmumien herausgeholt haben. Man sieht abgestorbene, in der Zelle locker sitzende Mumien, die man mit einer Pinzette leicht entfernen kann. Die Farbe der Mumien kann weiß, schmutziggrün bis grauschwarz sein. Die Streckmade ist noch erkennbar und nimmt letztendlich die Zellform an.

Krankheitsverlauf im Volk

Zunächst sind nur einzelne Larven infiziert. Schaffen die Bienen es durch den guten Putztrieb, die Maden aus dem Stock zu entfernen, kommt es nicht zum Ausbruch der Kalkbrut. Werden aber Sporenkörper gebildet, kommt es zum Absterben der Streckmaden und zur Umwandlung in Kalkbrutmumien. Die Bienenzahl wird durch den Brutausfall immens dezimiert und das Volk wird schwächer und kommt nicht voran. Von Völkern, die an der Kalkbrut erkrankt sind, bekommt man keinen Honig, da die Bienenmasse nicht stimmt.

Die Kalkbrut ist eine Faktorenkrankheit, verursacht durch:

- Niedrige Brutnesttemperaturen
- Witterung
- Unterkühlung der Larven
- Schlecht versorgte Brut
- Nahrungsmangel
- Missverhältnis zwischen Brutflächen und Bienenzahl
- Fehler in der Völkerführung, übermäßige Raumgabe
- Umhängen von Brutwaben
- Schwache Ablegerbildung
- Zu hohe Luftfeuchtigkeit in der Beute
- Geschwächte Völker durch Varroose
- Große Temperaturunterschiede in und außerhalb der Beute während der Brutphase

Die Kalkbrut tritt zumeist im Frühjahr auf, wenn nach einer warmen Periode, zum Beispiel im März, kaltes, feuchtes Wetter folgt. Die Völker sind zu dieser Zeit noch nicht sehr stark und haben noch mit dem Wechsel von Winter- auf junge Frühlingsbienen zu tun. In dieser Zeit sterben die langgedienten Winterbienen weg und Jungbienen kommen nach. Die Königin legt ein großes Brutnest an. Kommt dann das Schlechtwetter, können die Bienen das Brutnest nicht ordentlich bewärmen. Es kommt zu einer Untertemperatur der Brut und zum Ausbruch der Kalkbrut. Die beste Vermehrung der Kalkbrut findet bei einer Bruttemperatur von 30 °C statt. Normalerweise liegt die Brutnesttemperatur bei 35 °C. Schon bei dieser geringen Abweichung tritt diese Krankheit auf. Obendrein hat auch die Varroamilbe so die große Chance, sich blendend zu vermehren.

Auf den Drohnenwaben tritt die Kalkbrut meistens als Erstes auf, einerseits durch die schlechte Pflege der Bienen und andererseits dadurch, dass sich die Drohnenwabe am Rande befindet und unter der niedrigeren Temperaturen leidet. Nachdem die Varroa in Europa aufgetaucht war, betrieb man mit Drohnenrähmchen einen richtigen Sport, um viele Varroen aus dem Stock zu bekommen. Man hat eigene Rähmchen mit 1-cm-Leisten in Höhe und Breite gemacht.

Im Rähmchen wurde ein dichtes Drahtgeflecht gestrickt um eine gewisse Stabilität zu erreichen. In dieser Zeit wurden Drohnenmittelwände zum schnelleren Ausbau der Waben erzeugt. Nachdem die Waben mit verdeckelter Drohnenbrut bestückt waren, nahm man diese heraus und fror sie ein. Damit wurden die Drohnen samt den Milben abgetötet. Danach köpfte man die Drohnen und schnitt mit einem Sägemesser die Brut bis auf die 1-cm-Leiste ab. Dann klopfte man die Brut heraus, samt den toten Milben, und spritzte mit dem Gartenschlauch die Reste von den Waben heraus. Die gesäuberten Waben wurden wieder in den Stock gegeben. Der Nachteil an dieser Methode war, dass die Bienen die Kalkbrut bekamen, weil der Mensch so stark eingegriffen hatte. Man schneidet zwar heute noch die Drohnenbrut aus (nicht alle Imker), aber bietet den Bienen keine unnatürliche Situation mit den ausgewaschenen Waben, die sie nach dem Einhängen jetzt sofort reinigen sollten. Nach dem Ausschneiden der Drohnenbrut fehlt zwar die Brut, aber die Biene braucht keine Reinigungsarbeiten zu verrichten.

Wodurch können die Bienen noch die Kalkbrut bekommen?

- Zugekaufte benutzte Beuten mit Kalkbrut-Sporen
- Räuberei von anderen Bienenständen
- Verflug am Bienenstand
- Fütterung von verseuchtem Honig
- Sporen in der Honigschleuder
- Umhängen von infizierter Brut
- Ablegerbildung

Schlechtes Erbmaterial als Hauptursache der Kalkbrut

Es gibt Königinnen, die einen schlechten Putztrieb vererben. Die Bienen versorgen die Larven unzureichend und es kommt zum Ausbruch der Kalkbrut. Ein weiterer Faktor ist der Brutumfang. Es gibt Königinnen, die zu viel Brut anlegen und nicht mit Wetterrückschlägen rechnen, weshalb diese Völker an Kalkbrut erkranken. Es ist nicht immer von Vorteil, dass man Königinnen züchtet, die schon sehr früh viel Brut erzeugen. Wir züchten Königinnen, die zwar auch in der Frühtracht einsetzbar sind, aber nie so große Brutnester anlegen, dass die Bienen damit nicht zurechtkommen.

Sanierung eines Kalkbrutvolkes INFO!

Ist ein Volk stark von der Kalkbrut befallen, nimmt man alle Waben des Volkes heraus, kehrt die Bienen in eine desinfizierte Beute und gibt Mittelwände dazu. Der Futtertrog wird aufgesetzt und 4 Liter Zuckerwasser eingegossen. Das Volk baut die Mittelwände aus und die Königin legt Brut an. Die Brut wird verdeckelt. Bei der nächsten Brutkontrolle stellt der Imker fest, dass das Volk wieder Kalkbrut hat. Was hat er falsch gemacht? Er vergaß, die Königin zu tauschen.

Wie kann ich der Kalkbrut vorbeugen?

- Junge leistungsstarke Königinnen mit gutem Putztrieb verwenden.
- Feuchte Standorte meiden.
- Ausreichende Futterversorgung
- Nur starke Jungvölker bilden.
- Völker eng halten.
- 2–3-jährigen Wabenbau einhalten.

Im Zuge meiner Tätigkeit als Gesundheitswart kam ich auf einen Bienenstand mit 30 Bienenvölkern. Der Imker hatte eigentlich vor, nach der Frühtracht in die Akazientracht zu wandern. Von den 30 Völkern waren 15 an der Kalkbrut erkrankt. Der Imker bekam darauf von mir keine Wandergenehmigung, da mehr als 30 % der Völker erkrankt waren. Obendrein stellte ich auch fest, dass die Völker durch den Brutausfall zu schwach für die Akazientracht gewesen wären. Der Grund für die Kalkbrut war die künstliche Bienentränke, die der Imker selbst gebastelt hatte: ein Brett mit einer Zick-Zack-Kerbe, in der das Wasser floss. Wenn die Bienen zum Wasser trinken kamen, koteten sie nebenbei ab. Andere Bienen nahmen das mit Kalkbrut-Sporen kontaminierte Wasser auf. Nach der Entfernung des Wasserbrettes war wieder alles in Ordnung, die Bienen fanden ohnehin in der Nähe eine natürliche Wasserquelle.

STEINBRUT (GIESSKANNENSCHIMMEL)

Die Steinbrut gehört in Österreich zu den unbedeutendsten Krankheiten, da sie kaum bis gar nicht auftritt. Ich züchte seit über 40 Jahren Bienen und habe weder als Gesundheitswart noch als Imker mit dieser Krankheit je Bekanntschaft gemacht. Ist auch gut so, denn die Steinbrut ist auch für den Menschen gefährlich. Das Aflatoxin (Schimmelpilz) kann Entzündungen in Hals oder Lunge (Asthma) und ein Gehörgangsekzem hervorrufen. Deshalb muss bei der Steinbruterkrankung unbedingt eine Atemschutzmaske getragen und mit Handschuhen gearbeitet werden. Nach getaner Arbeit unbedingt heiß duschen und die Kleidung waschen.

Der Erreger *Aspergillus flavus* (Entdecker: Link) mit einer Größe von 6/1.000 mm oder *Aspergillus fumigatus* (Entdecker: Fresenius) ruft eine Pilzerkrankung in der Bienenbrut und auch bei den Bienen hervor.

Infektion: Brut

- Die Ammenbiene füttert die Junglarve mit den Sporen der Steinbrut.
- Die Sporen keimen im Darm aus.
- Die Larve stirbt und wird ausgeräumt.
- Die Larve überlebt und wird verdeckelt.
- Die Streckmade stirbt.
- Durchwucherung der Zellwände mit Pilzgeflecht (feste Verbindung).
- Die Bienen können die Zellen nur abnagen, aber den Zellinhalt nicht entfernen.
- Körperoberfläche der Larven ist bei Befall mit *Aspergillus flavus* gelbgrün und mit *fumigatus* graugrün.

Infektion: Biene

- Harter Hinterleib
- Krabbler vor dem Stock
- Der Pilz wächst aus dem Hinterleib heraus.
- Die Biene kann kaum im Stock beobachtet werden, da sie außerhalb stirbt.

Bekämpfung

- Abtötung der Bienenvölker durch Abschwefeln
- Verbrennung des Wabenmaterials und der Beuten
- Neue Beuten mit Flämmgerät behandeln und mit Sodalauge nachwaschen.
- Styroporbeuten entweder entsorgen oder in 3 %iger Sodalauge auskochen.
- Honig mit viel Wasser über Abfluss entsorgen.

Bei dem Genuss von kontaminiertem Honig können Pilzsporen in den menschlichen Körper gelangen, die dann für Erkrankungen sorgen.

DROHNENBRÜTIGKEIT – DAS HONIGBIENEN-EVOLUTIONS-NOTFALLSPROGRAMM

GESUNDES BIENENVOLK

In einem Bienenvolk gibt es eine Königin und viele Arbeitsbienen und – vor allem während der Schwarmzeit – auch Drohnen. Die Königin besitzt Geschlechtsorgane und wird normalerweise in ihrer zweiten Lebenswoche während eines Begattungsfluges idealerweise von mehr als sieben Drohnen begattet. Die bei der Begattung übertragenen Spermien speichert sie in ihrer Spermateca und dieser Vorrat reicht im Normalfall für ihr gesamtes Leben.

Das eigene Erbmaterial der Königin besteht aus je einem Chromosomensatz von ihrer Mutter (Königin) und ihrem Vater (Drohn). Jedes Ei, das eine Königin legt, besitzt ursprünglich nur einen einfachen Chromosomensatz, der sich logischerweise aus ihrem eigenen Erbmaterial zusammensetzt. Die Königin inspiziert vor jeder Eiablage die zu belegende Zelle, und wenn es sich um eine Drohnenzelle handelt, legt sie ein unbefruchtetes Ei (es gibt keinen Vater) hinein. Falls es sich um eine Arbeiterinnenzelle oder um ein Weiselnäpfchen handelt, legt sie ein befruchtetes Ei (es gibt beide Elternteile) hinein. Ein befruchtetes Ei wird je nach Fütterung entweder eine Arbeitsbiene oder eine Königin und besitzt jedenfalls einen doppelten Chromosomensatz. Vereinfacht könnte man sagen, eine Arbeitsbiene ist eine in ihrer Entwicklung mangelernährte Königin, das heißt, sie bekommt nach dem zweiten Tag im Larvenstadium kein Gelée Royale im Überschuss, sondern nur ein Honig-Bienenbrot-Gemisch in kleinen Dosen gefüttert.

Die Arbeitsbienen sind weiblich, können zwar nicht begattet werden, aber sie haben die Fähigkeit, im Notfall unbefruchtete Eier zu legen.

Im gesunden Bienenvolk produziert die Königin Pheromone, die bei allen Arbeitsbienen im Stock verbreitet werden, den Zusammenhalt des Volkes sicherstellen und gleichzeitig die Eiproduktion der Einzelbienen unterdrücken, praktisch wie eine Art Antibabypille. Diese Pheromone führen auch zu gesteigertem Sammeleifer, besserer Brutbetreuung und höherer Bauleistung, sind aber sehr leicht flüchtig. Sobald die Königin stirbt, aus dem Volk entfernt wird oder alt, krank, verletzt oder in irgendwelcher Weise an der Pheromonproduktion behindert oder eingeschränkt ist, reagieren die Arbeitsbienen darauf.

KÖNIGINNENPROBLEM – MÖGLICHE SZENARIEN

Ursache	Vorgang	Folge
Keine Eier vorhanden	Bei Verdacht auf Weisellosigkeit? Brutwabe mit Eiern und jüngster Brut einhängen. (Weiselprobe)	Nachschaffungszellen werden angelegt ja/nein?

Für den Imker: Falls ja: Alle Weiselzellen brechen und eine Königin zusetzen oder mit weiselrichtigem Volk vereinigen. Falls nein: Nach kleiner Königin suchen und weitere Weiselprobe einhängen.

Ursache	Vorgang	Folge
Königin stirbt	Königinnenpheromon sinkt auf 0: Weiselunruhe	Nachschaffungszellen werden angelegt Eierstöcke der Arbeitsbienen beginnen zu wachsen

Für den Imker: Alle Weiselzellen brechen und eine Königin zusetzen oder eine schlupfreife, geschützte Edelweiselzelle zusetzen oder mit weiselrichtigem Volk vereinigen.

Ursache	Vorgang	Folge
Königin alt, krank oder mangelbegattet	Königinnenpheromon sinkt langsam.	Umweiselungszellen werden angelegt

Für den Imker: Königin tauschen oder, falls Drohnen vorhanden sind und das Wetter warm ist: Umweiselungskönigin abwarten.

Ursache	Vorgang	Folge
Spermateca der Königin geht zur Neige	Einzelne Eier werden nicht mehr befruchtet.	Arbeiterinnenbrut bekommt einzelne Drohnenbuckelzellen

Für den Imker: Königin tauschen oder entfernen und mit weiselrichtigem Volk vereinigen.

Ursache	Vorgang	Folge
Nachschaffungs-Königin defekt	Eier werden gar nicht befruchtet.	Ausschließlich Drohnenbrut Drohnenbrütiges Volk

Für den Imker: Buckelbrut und Königin entfernen und neue Königin zusetzen oder Bienen abkehren.

Ursache	Vorgang	Folge
Königin von Bruder-Drohn(en) begattet	Einzelne befruchtete Eier haben gleiches Sex-Allel im Chromosomensatz.	Arbeiterinnenbrut bekommt einzelne Drohenbuckelzellen und lückiges Brutbild.

Für den Imker: Königin tauschen oder entfernen und mit weiselrichtigem Volk vereinigen.

Ursache	Vorgang	Folge
Kein Königinenpheromon	Arbeiterinnen beginnen mit Eiablage.	Ausschließlich Drohnenbrut Drohnenbrütiges Volk

Für den Imker: Bienen in ca. 20 m Entfernung von ihrem Standplatz abkehren und ein schwaches Volk oder einen weiselrichtigen Ableger auf den gleichen Platz stellen.

Falls die Pheromonproduktion ganz langsam abnimmt, wird die Königin dazu genötigt, selbst Königinnenzellen zu bestiften – die so genannten Umweiselungszellen, aus denen dann eine Umweiselungskönigin schlüpft. Diese ersetzt dann im Normalfall irgendwann die alte Königin.

Sobald die Pheromonproduktion gänzlich verschwindet, setzt nach ein paar Stunden die so genannte Weiselunruhe ein – bei manchen Völkern ist ein permanentes, lautes Summen, beinahe ein richtiges Heulen, zu hören, das speziell auch nach einer kleinen Störung nicht gleich wieder leiser wird. Ein Volk in Weiselunruhe wird versuchen, möglichst viele Arbeiterinnenjunglarvenzellen zu Königinnenzellen umzubauen, die so genannten Nachschaffungszellen. In seltenen Fällen können mit solchen aus Nachschaffungszellen geschlüpften Königinnen auch Schwärme abgehen, dann werden nicht alle Schwesternköniginnen umgebracht, sondern eine unbegattete Königin fliegt dann mit mehr oder weniger Bienen davon.

DROHNENBRÜTIG MIT KÖNIGIN

Häufig wird bei Nachschaffungszellen auch eine zu alte Larve verwendet, die anstatt nur mit Gelée Royale auch schon mit einem Pollen-Honig-Gemisch gefüttert wurde, und es entsteht ein Zwitterwesen zwischen Königin und Arbeitsbiene. Sie schlüpft natürlich auch noch vor ihren vollwertigen Königinnenschwestern und verhält sich sofort sehr königlich, in dem sie alle ihre Königinnenschwestern tötet. Da sie aber keine vollwertige Königin ist, kann sie im besten Fall frühestens nach drei Wochen nur unbefruchtete Eier legen.

Man sagt daher auch, dass das Volk buckelbrütig ist, weil es auf den Brutwaben mit Arbeiterinnenzellen nur die typischen „Buckel" für die verdeckelte Drohnenbrut, aber keine geraden Flächen gibt, wie es für die Arbeiterinnenbrut typisch wäre.

DROHNENBRÜTIG MIT AFTERWEISELN

Jedenfalls startet bei der Weiselunruhe (Fehlen von Königinnenpheromonen-Nachschub) die Ausbildung der Drohneneier-Produktionsfähigkeit der Arbeitsbienen. Frühestens drei Wochen später, je nach Situation, Jahreszeit, vorhandenen Weiselzellen oder Jungkönigin und Vorgeschichte können – bei permanentem Fehlen des Königinnenpheromonen-Nachschubs – einzelne Arbeitsbienen ihre Eilegetätigkeit beginnen.

Man sagt, dieses Volk ist drohnenbrütig und hat Afterweiseln oder Drohnenmütterchen.

WIE ERKENNT MAN EIN DROHNENBRÜTIGES VOLK?

Man schaut sich den verdeckelten Brutbestand an:

1. Gibt es schon die charakteristischen Buckelbrutwaben, also Arbeiterinnenzellen mit rund hervorquellendem Zelldeckel? Falls ja, könnte es aber auch eine Königin, die keine gesunden Spermien zu ihren Eiern hinzufügen kann, sein. Königin suchen und nach weiteren Indizien Ausschau halten
2. Man hält die Brutwaben mit Eiern und jüngster Brut in die Sonne, sodass die Zellböden gut ausgeleuchtet sind. Alternativ kann man auch eine LED-Stirnlampe verwenden. Sind dort viele Eier durcheinander abgelegt? Falls ja, könnte es auch eine „gute" Königin sein, die keinen Zugang zu freien Brutzellen hat oder eine Jungkönigin beim „Üben" mit ihren ersten Eiern. Falls keine Königin auf eine kleine Brutfläche eingesperrt wurde oder es sich nicht um eine Jungkönigin handelt, dann ist das ein klares Indiz für Drohnenbrütigkeit.
3. Gibt es ein oder mehrere Eier, die auf eine Zelle mit Bienenbrot-Perga (eingelagerter Pollen) gelegt wurde(n)? Falls ja, dann ist das ein sehr starkes Indiz auf Drohnenbrütigkeit.
4. Sind viele Eier unregelmäßig, außerhalb der Mitte oder überhaupt auf der Zellwand abgelegt? Falls die Brutwabe nicht durch starkes Abschütteln von den aufsitzenden Bienen befreit wurde (kann dazu führen, dass die Eier losgerissen werden und an der Zellwand landen), dann ist auch das ein starkes Indiz für Drohnenbrütigkeit.
5. Falls die Eier regelmäßig außerhalb der Mitte abgelegt sind, dann deutet das aber eher auf eine defekte Königin hin, z. B. auf ein defektes Hinterbein.
6. Gibt es Drohnenflöten (überlange 4–5 cm lange Weiselzellen)? Falls in den letzten zwei Wochen keine Drohnenbrut entfernt oder aufgerissen wurde, ist das auch ein Indiz für Drohnenbrütigkeit.
7. Weist das Volk eine große Unruhe auf oder braust merklich und will sich nicht gleich wieder beruhigen? Ein weiteres Indiz für Drohnenbrütigkeit.
8. Am Flugloch: Unruhige Bienen, die Pollenhöschen der Sammelbienen sind durchwegs schmal oder kaum vorhanden? Ein weiteres Indiz für Drohnenbrütigkeit.
9. In der kalten Jahreshälfte, wenn sich die meisten Völker in engen Wintertrauben zusammengekuschelt haben, sitzt ein Volk recht lose und locker auf den Waben. Dies kann mehrere Ursachen haben, aber es kann auch ein Indiz für Drohnenbrütigkeit sein.

Drohnenbrütig: Jungfernwabe mit unordentlich in den Zellen liegenden Eiern.

DROHNENMÜTTERCHEN-VÖLKER

Drohnenmütterchen oder Afterweiseln legen die Eier unregelmäßig, selten mittig, fressen Eier ihrer Konkurrentinnen und oft liegen recht viele Eier in einer Zelle. Diese Eier liegen sowohl in Drohnen- als auch in Arbeiterinnenzellen. Die Brut wird schlecht gepflegt und neues Wabenmaterial wird nur sehr zurückhaltend gebaut.

Es fehlt auch an Motivation bei den Sammelbienen. Öfters werden drohnenbrütige Völker auch ausgeraubt. Jedenfalls haben drohnenbrütige Völker heutzutage für den Imker praktisch keinen Nutzen mehr, denn durch den fehlenden Arbeitsbienennachwuchs ist ihre Restlebensdauer auf die Lebenszeit der vorhandenen Arbeitsbienen begrenzt und eine Sanierung ist arbeitsaufwändig und ein Erfolg nicht sicher. Durch die schlechte Brutpflege und die lange Verdeckelungsdauer werden diese Völker nach ein paar Wochen auch oft zu regelrechten „Varroenschleudern“. Durch das unnatürlich hohe Alter der Arbeitsbienen sind diese Völker auch viel krankheitsanfälliger, weil durch den fehlenden Arbeiterinnennachwuchs die Altbienen ihren „Sterbeflug“ hinauszögern und somit Viren, Bakterien und Parasiten ein gutes und lange verfügbares Nährmedium nutzen können. Deswegen und wegen der Gefahr, dass Drohnenmütterchen in andere Bienenstöcke kommen und dort eine „gute“ Königin umbringen, findet man in älterer Imkerliteratur auch öfter die Empfehlung, drohnenbrütige Völker sogar abzuschwefeln.

Drohnenbrütige Volker versuchen oft auch noch Weiselzellen anzulegen. Da aber das Ei unbefruchtet ist, entwickelt sich nur eine überfütterte Drohnenlarve, die noch im verdeckelten Zustand abstirbt. Optisch erkennt man diese „Drohnenflöten“ häufig sehr leicht, weil sie unnatürlich lang sind (können 4–5 cm lang werden).

Für den Imker: Falls schon eierlegende Arbeiterinnen vorhanden sind, kann man versuchen, einen Ableger oder ein schwach ausgewintertes Volk auf dessen Standplatz zu stellen und das drohnenbrütige Volk mindestens 20 m davon entfernt ins Gras zu kehren.

Eierlegende Arbeitsbienen haben eine beschränkte Flugfähigkeit und die Wahrscheinlichkeit, dass eine Eierlegerin in den Stock kommt und die neue begattete Königin absticht, ist dadurch minimiert.

RETTUNG VON DROHNENBRÜTIGEN VÖLKERN

Falls ein „frisch" drohnenbrütiges Volk viele Jungbienen oder auch noch Brutwaben mit schlüpfenden Arbeiterinnen hat und damit „rettenswert" erscheint, kann man schon versuchen, dieses Volk wieder weiselrichtig zu bekommen.

- Ein Stamperl hochprozentigen Alkohol aufs Bodenbrett gießen und ins Volk verdunsten lassen sowie eine begattete Königin in einem Käfig mit sehr langer Ausfressdauer (z. B. in einem Hundertprozentkäfig) zuzusetzen, kann funktionieren. Der Hundertprozent- oder 5-Tageskäfig unterscheidet sich zu anderen Zusatzkäfigen, dass die Bienen eine große Futterkammer durchnaschen müssen, wofür sie 3–5 Tage brauchen, und sich deshalb länger an ihre neue Königin gewöhnen können.
- Mit künstlichem Königinnenpheromon ist es auch möglich, in ein paar Tagen die Drohnenmütterchen wieder zu Arbeitsbienen rückzubilden und danach wieder eine Königin zuzusetzen.
- Falls noch sehr viel Arbeiterinnenbrut vorhanden ist, wäre es auch möglich, eine geschützte, schlupfreife Edelzelle im drohnenbrütigen Volk zuzusetzen. Man muss aber bedenken, dass es danach auch noch mindestens drei Wochen dauert, bis diese Königin dann Eier legen kann, und mindestens sechs Wochen, bis ihre erste eigene Brut schlüpft. Durch den verminderten Massewechsel der Bienen (Bienen werden langlebiger, wenn keine Brut schlüpft) kommt es zu erhöhter Krankheitsanfälligkeit.

FRUCHTBARKEITSMÄNGEL DER KÖNIGIN

Falls eine junge Königin auch von ihrem Bruder begattet wird, dann entwickelt sich durchschnittlich aus jedem zweiten Ei, das mit diesem Sperma befruchtet wird, ein Drohn mit doppeltem Chromosomensatz (obwohl er beide Elternteile in sich hat), weil das Sex-Allel gleich ist und dadurch wie ein einfacher Chromosomensatz gewertet wird.

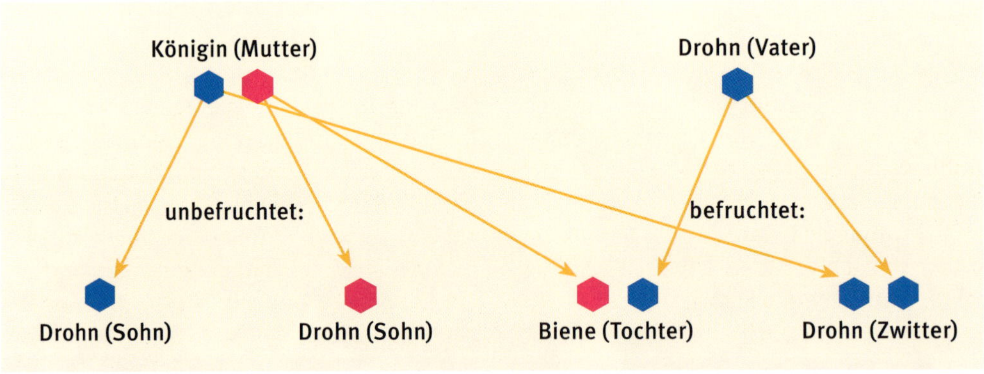

Diese Eier mit doppeltem Chromosomensatz, aber gleichem Sexalell, werden häufig von den Ammenbienen erkannt und ausgeräumt, sodass ein lückenhaftes Brutbild entstehen kann. Falls sie nicht erkannt werden, führen sie zu einzelnen, auffälligen Drohnenbuckeln inmitten von Arbeiterinnenbrut. Ebenfalls zu einem lückigen Brutbild mit Drohnenbuckeln kann es kommen, wenn die Königin schon älter ist und der Spermienvorrat schon zur Neige geht oder die Königin erkrankt oder unter Parasitierung leidet. Falls eine Königin nur Drohneneier legt, sollte man die Brut einschmelzen (inklusive der darin enthaltenen Varroen) und schnellstmöglich eine neue Königin zusetzen oder mit einem weiselrichtigen Volk vereinigen.

Für den Imker: Falls es bei den Waben mit verdeckelter Arbeiterinnenbrut zu Drohnenbuckeln kommt oder nur mehr Drohnenbrut in den Waben zu finden ist, dann ist die Königin zu tauschen oder mit einem weiselrichtigen Volk zu vereinigen!

Drohnenbrütige Völker eignen sich keinesfalls für Kunstschwärme, Ableger oder zum Befüllen von Begattungskästchen.

INFO!

Aber Vorsicht: Drohnenflöten können auch bei vollständig intakter Königin, wenn z. B. in der Schwarmzeit beim Entfernen der Drohnenbrut Zellen mit Junglarven aufgerissen werden, gebaut werden. Es muss also auch unbedingt auf die anderen Indikatoren geschaut werden. Falls die Mittelwand den Bienen nicht 100%ig zusagt (kleine Zellen, Mittelwand verbogen oder gerissen etc.), können sie auch in flächige Arbeiterinnenzellen einzelne Drohnenzellen hineinbauen, beim Naturbau sowieso. Dies führt dazu, dass man in der verdeckelten Brut einzelne Drohnenbrutbuckel sieht, obwohl die Königin in Ordnung ist. Also immer zuerst überprüfen, falls einzelne Drohnenbuckel aus der flächig verdeckelten Arbeiterinnenbrut rausschauen, ob die Drohnenbrut tatsächlich aus einer Arbeiterinnenzelle rausschaut, ansonsten wäre die Königin ja in Ordnung.

WARUM WERDEN BIENENVÖLKER ÜBERHAUPT DROHNENBRÜTIG?

Diese Eigenschaft war während der Jahrmillionen ihrer evolutionären Entwicklung enorm wichtig! Man braucht sich nur vorzustellen, was passiert, wenn ein Bienenschwarm mit einer begatteten Königin auf einer Insel ohne Bienen landet. Die Bienenkönigin hat idealerweise das Erbgut von 15 verschiedenen Drohnen in sich. Ihre Töchter könnten sich aber nur mit ihren Brüdern paaren, das heißt, die Schwärme aus diesem Gründervolk wären aus Inzuchtgründen nicht lebensfähig! Sobald aber der erste Schwarm drohnenbrütig wird, solange noch genügend Gründervolkbienen vorhanden sind, würden diese Afterweiseln das gesamte Erbgut der mütterlichen Spermateca wieder durch ihren Drohnennachwuchs zur Verfügung stellen. Somit könnte eine Jungkönigin durch die Begattung mit diesen aus Afterweiseln abstammenden Drohnen wieder lebensfähige Völker bilden. Nach einigen Generationen könnte diese Insel eine vitale Bienenvolkspopulation aufbauen – dank der Fähigkeit, drohnenbrütig zu werden. Da wir in Mitteleuropa aber eine sehr dichte Bienenvolkspopulation mit importierten Königinnen aus aller Welt haben, ist Inzucht zumindest bei Standbegattung in der Schwarmzeit kein Problem für die Imkerei.

VERDAUUNGSKRANKHEITEN DER ERWACHSENEN BIENE

DIE RUHR

Die Ruhr ist eine nicht ansteckende Durchfallerkrankung. Sie gehört deshalb auch nicht zu den anzeigepflichtigen Krankheiten. Nur wenn mehr als 30 % der Bienenvölker nach der Überwinterung eingegangen sind, muss dieser Ausfall dem Amtstierarzt gemeldet werden. In meiner Zeit als Imker, nunmehr über 40 Jahre Erfahrung, spielte die Ruhr manchmal eine große Rolle. Ich verlor in der Vergangenheit mehr Völker an der Ruhr als wegen der Varroamilbe. Es kommt immer darauf an, welche Standorte man hat. In Waldtrachtgebieten kann die Ruhr in manchen Jahren mit später Waldtracht furchtbar zuschlagen. Gerade im Jahr 2018 gab es wieder erst Ende August eine späte Melezitosetracht. Binnen einer Woche trugen die Bienen bis zu 20 kg Waldhonig ein. Melezitosehonig ist ein Dreifachzucker, der in den Waben kristallisiert und nicht schleuderbar ist, also so fest ist, dass er nicht aus den Waben ausgeschleudert werden kann. Durch das verrückte Wetter, hervorgerufen durch den Klimawandel, treten immer wieder neue Phänomene auf. Normalerweise tritt die Melezitosetracht schon wesentlich früher auf, nämlich Anfang Juli. In diesen normalen Jahren stellt die Melezitosetracht keine Probleme dar, da man den Honig, samt den Waben, bis zur letzten Schleuderung Ende Juli herausbekommt. Vor 20, 30 Jahren waren späte Waldtrachten aufgrund von Tannentrachten, die oft bis Ende Oktober dauerten, völig normal.

Honigtau von der kleinen Lecanie

Cinara costata **(stark bemehlte Fichtenrindenlaus) erzeugt Melezitosehonig.**

Cinara pectinatae **(Grüne Tannenhoniglaus)**

Warum ist der Waldhonig ein Problem bei der Überwinterung?

Dieser Honig ist wegen seines hohen Mineralstoffgehaltes für die Bienen schwer verdaulich. Wenn der Winter lange dauert und die Bienen nur selten einen Reinigungsflug durchführen können, kommt es zur Überlastung der Kotblase und die Bienen sterben. Das erste Anzeichen für die Ruhr ist verstärkter Totenfall am Bodenbrett, sodass das Flugloch verstopft sein kann und die Bienen gar nicht raus können. Ein typisches Zeichen sind auch die bekoteten Rähmchenoberträger und in den Wabengassen die bekoteten Zellränder, da die Bienen Durchfall bekommen und ihren Ballast in den Wabengassen ablassen. Ein weiteres Zeichen sind durch das gegenseitige Bekoten feuchte, dunkle Bienen. Die Bienenvölker können im Jänner noch stark sein, wenn aber ein starker Wintertotenfall ist und die Bienen feucht erscheinen, weiß man, dass die Völker den Winter nicht überleben werden. Der Winter 2017 war geprägt durch langen Bienenflug bis in den Dezember hinein. Danach wurde es kalt. Das hauptsächliche Problem war, dass es im März eine ungewöhnliche Kälte von –10 °C mit Schnee gegeben hat. Dieser Wetterrückschlag äußerte sich auf manchen Bienenständen durch Ruhrerkrankung. Auf den Waldtrachtständen sah man nach dem ersten Reinigungsflug große braune Ruhrpatzen auf den Metalldächern der Völker. Ich gab den Bienen auf diesen Ständen eigentlich keine Überlebenschance. Glücklicherweise überlebten die Völker, winterten aber zum Teil sehr schwach aus.

Durch welche Faktoren kann die Ruhr noch auftreten:

- Hohe Varroabelastung
- Weisellosigkeit
- Bienenschädlinge:
  - Mäuse
  - Specht
  - Marder
  - Waschbär

1) Mit ungeeignetem Winterfutter stirbt selbst dieses Volk. 2) Die Unruhe durch einen Specht führt zur Ruhrerkrankung. 3) Abgestorbenes Volk mit Ruhrkotspritzern 4) Ruhrkot 5) Specht und Maussicherung

Hohe Varroabelastung

Immer, wenn die Bienen viel Futter aufnehmen, kann es im Winter zur Ruhrerkrankung kommen. Der Auslöser dafür kann auch die Varroamilbe sein. Die Varroen nehmen den Bienen ständig etwas weg und die Bienen müssen Futter aufnehmen, um die Defizite auszugleichen. Außerdem stört die Varroa ständig die Biene.

Weiselunruhe

Wie es der Name schon sagt, Weiselunruhe, das heißt, dass die Königin vor oder während des Winters verloren gegangen ist. Dadurch, dass die Bienen ihrer Königin nachtrauern, das hört man außerhalb des Stockes, weil sie viel Bewegung machen, brauchen die Bienen auch viel Futter, können nicht ausfliegen und bekommen die Ruhr.

Maßnahmen bei später Melezitose- oder Tannentracht

Falls frühzeitig erkannt wird, dass eine späte Waldtracht begonnen hat, würde ich sofort die Bienenvölker abwandern und sie in Blütentrachtgebiete stellen. Wenn man aber die Tracht zu spät erkannt hat und die Bienenvölker zu viel vom Waldhonig eingetragen haben, müssen diese Waben entfernt werden, um eine normale Überwinterung zu erreichen, ohne dass die Völker an der Ruhr erkranken.

2018 hatten wir eine Melezitosetracht erst Ende August. Meiner Meinung nach ist das Rähmchenmaß für die Entfernung der Melezitosewaben entscheidend. Ich bevorzuge das Flachzargenmagazin und überwintere auf zwei Einheiten. Ist eine späte Waldtracht, habe ich, da die Brut in die untere Zarge gedrängt wird, volle Honigwaben in der zweiten Einheit. Ich entferne die Honigwaben und ersetze diese durch ehemals bebrütete Leerwaben, sodass die Königin wieder die Möglichkeit hat, in die zweite Zarge hinauf zu brüten.

Was wird mit den Melezitosewaben gemacht?

Das Problem 2018 war, dass erst Ende August die Tracht begonnen hat. Natürlich hatten wir schon zweimal mit Zuckerwasser gefüttert. Danach erst wurde das Winterfutter mit Melezitosehonig gemischt. Diese entnommenen Waben werden gekühlt, damit die Wachsmotte keinen Schaden anrichtet und im nächsten Jahr für Ableger verwendet.

Was macht man mit reinem Melezitosehonig?

Wäre die Tracht schon früher gekommen, hätten wir die Waben herausgenommen und sie im Entdeckelungswachsschmelzer geschmolzen und so den Waldhonig gewonnen, ohne dass er gravierende Wärmeschäden bekommen hätte. Früher wurden diese Waben im Frühjahr zwischen die Brut eingehängt. Mit dem Stockmeißel wurde die Verdeckelung geöffnet und die Waben entweder zwischen die Brut oder unter das Brutnest gesetzt. Für die Bienen entsteht eine unnatürliche Situation und sie tragen den Honig um. Dabei wird der Honig von Dreifachzucker in Einfachzucker umgewandelt und der Honig wird schleuderbar. In manchen Jahren hatten wir einen Waldblütenhonig im Frühjahr, obwohl keine Waldtracht war.

Was macht ein Dadantimker oder jemand, der einen großen Brutraum hat?

Hierbei ist es schwierig, die Waben herauszunehmen, da auf den mittleren Waben die obere Hälfte mit Waldhonig und die untere mit Brut bestückt sind. Nachdem diese Waben nicht entfernt werden können, müssen die Imker auf einen milden Winter hoffen, sodass die Bienen des Öfteren ausfliegen und das schwer verdauliche Futter abbauen können.

DIE MAIKRANKHEIT (POLLENVÖLLE)

Bei der Maikrankheit handelt es sich schlichtweg um einen Wassermangel nach einer starken Pollentracht. Diese Krankheit tritt also witterungsbedingt auf und nicht durch einen Erreger. So ähnlich wie bei der Ruhr, kommt es zu einer Überlastung des Verdauungstraktes bei Jungbienen. Diese Ammenbienen wollen die Brut versorgen. Es fehlt ihnen aber das Wasser, wodurch es zur Verstopfung kommt. Die brutpflegenden Bienen sind 7–12 Tage alt.

Zur Futtersaftproduktion benötigen die Ammenbienen Blütenpollen. Speziell in den Monaten April und Mai, in denen die Bruttätigkeit am stärksten ist, kann es zur Pollenvölle kommen, da die Bienen sehr viel Pollen fressen, der dann über die Honigblase in den Mittel- und Enddarm gelangt.

Der sich im Darm befindliche Pollen ist trocken und nimmt bei schlechter Wasserversorgung die Darmflüssigkeit auf. Dadurch wird der Pollen zäh und hart und führt zur Verstopfung.

Krankheitsverlauf

- April, Mai, Juni gibts es guten Pollenflug.
- Kälteeinbruch (Eisheilige, Schafskälte).
- Eine Woche können die Bienen kein Wasser eintragen.
- Verstopfung des Darmtraktes bei den Ammenbienen.
- Die Bienen suchen das Flugloch auf, weil sie abkoten wollen.
- Die Bienen drücken farbige Würstchen heraus, die man im Fluglochbereich und in der ersten Zarge findet.
- Die Bienen zittern an den Fluglöchern.
- Bei einer zu lange anhaltenden Schlechtwetterperiode können die Ammenbienen sterben.

Krankheitsbild

- Junge Bienen mit aufgedunsenem Hinterleib.
- Flugunfähige Bienen krabbeln auf den Anflugbrettern und auch unterhalb im Gras zitternd im Kreis.
- Die Bienen versuchen abzukoten.
- Farbige, meist gelbe, durch den Kot vermischte Würstchen.

Untersuchung

- Am Bienenstand, anhand der färbigen Abkotung, kann man die Maikrankheit erkennen.
- Drücken des Hinterleibes.
- Der Kot ist pastenförmig und eingefärbt.
- Auftragen des Darminhaltes auf einen Objektträger.
- Verdünnung mit Leitungswasser.
- Abdecken mit einem Deckglas.
- Bei 400-facher Vergrößerung ist eine Pollenansammlung sichtbar.

Normalerweise ist die Maikrankheit keine ernste Krankheit, kann aber in Jahren mit wiederkehrenden Wetterkapriolen zu massiven Problemen führen. Wie kann man den Bienen in einer solchen Situation helfen?

- Bei Schlechtwettervoraussage von einer Woche den Bienen ab dem dritten

Tag der kalten Zeit Zuckerwasser über das Spundloch, also von oben, zuführen (warm, im Verhältnis 1 : 3).
- Vor dem Ausfliegen die Bienen mit lauwarmem Zuckerwasser besprühen.

Heutzutage gibt es schon längerfristige Wetterprognosen. Wird nun für eine Woche oder mehr Schlechtwetter angesagt, kann man Vorsorge treffen und den Bienen verdünntes Zuckerwasser im Verhältnis von 1 Teil Zucker und 3 Teile lauwarmes Wasser verabreichen. Hierfür reicht ein halber Liter, um den Bienen die Verdauung des Pollens zu erleichtern. Eine weitere Möglichkeit wäre, eine Futtertasche direkt an den Bienensitz zu platzieren. Wichtig ist die Flüssigkeit, die die Bienen aufnehmen müssen. Wenn das Futter zu weit von den Bienen entfernt ist, können sie dieses aufgrund der Kälte nicht aufnehmen, da sie nicht von der Brut weichen würden.

Vorbeugungsmöglichkeiten

- Sonniger Standort mit genügend Ausflugsmöglichkeiten.
- In der Nähe liegende Wasserquelle (Bach, Teich).
- Künstliche Wasserquellen bilden immer ein Gefahrenpotential.

NOSEMOSE (FRÜHJAHRSSCHWINDSUCHT) DURCH *NOSEMA APIS* UND *NOSEMA CERANAE*

Nosemose wird mittlerweile durch zwei Krankheitserreger hervorgerufen. Vor 20 Jahren gab es bei uns in Österreich nur *Nosema apis*. Durch die Klimaerwärmung und den Bienenhandel konnte sich auch *Nosema ceranae* bei uns etablieren. Zum Glück ist *Nosema ceranae* in den Wintermonaten bei uns noch kaum ein Problem, da der Erreger meist nach 14-tägiger Kälteperiode unter 5 °C die tiefen Temperaturen nicht überstehen und somit keinen weiteren Schaden anrichten kann. Schlimmer ist es in den letzten Jahrzehnten in den Mittelmeerregionen ausgegangen, wo es zu massiven Verlusten gekommen ist. Vorerst besiegt noch die Kälte diese Krankheit, aber wir wissen, dass sich das schnell ändern kann.

Nosema apis (Entdecker: Zander) wurde ehemals zur Wintertotenfalldiagnose verwendet. Zusammen mit der Amöbenruhr und der Tracheenmilbenuntersuchung wurde ein Gesundheitszeugnis ausgestellt, das zur Bienenwanderung diente. Man kam von dieser Variante ab, da sie nichts über Brutkrankheiten, wie die Amerikanische Faulbrut, aussagte. Damals stellten einfache Gesundheitswarte diese Untersuchungen mittels Mikroskop an und stellten Gesundheitszeugnisse aus. An dieser Stelle möchte ich erwähnen, dass Bienenuntersuchungen unter dem Mikroskop seitdem nur eine Minderheit der Sachverständigen oder Imker machen und es auch zu wenig gelehrt wird, was aber besonders wichtig wäre. Im Nachhinein können die meisten Imker nicht mit Mikroskopen umgehen, geschweige denn Krankheiten darunter erkennen. Alle, die Bienengesundheit lehren, sollten nie aufs Mikroskopieren vergessen!

Die Nosemose gehört eher zu den harmlosen Erkrankungen der Honigbiene, kann aber in Waldtrachtgebieten und auch in feuchten Augebieten zu großen Völkerverlusten führen. Einerseits kommt es immer wieder durch den schwer verdaulichen Waldhonig und vor allem durch den Dreifachzucker des Melezitosehonigs und andererseits in den Augebieten durch die feuchten Lagen mit Kälteseen im Winter zu Verlusten.

Die Nosemose ist ein einzelliger Parasit, 9 x 5 Tausendstel Millimeter groß und zählt zu den Pilzerkrankungen, weshalb sich in den feuchten Gebieten die Sporen der Nosemose gut vermehren können. Wenn man einen guten, sonnigen Standort hat ohne Waldtracht, ohne Kälteseen im Winter in den Tallagen und nicht in Augebieten, wird man mit *Nosema apis* nie Probleme bekommen. Natürlich kann hier auch wieder die Varroa oder ein anderes Problem durch die Schwächung des Bienenvolkes eine große Rolle spielen. Immer, wenn das Volk Schwäche zeigt und die Bienen angeschlagen sind, kommen weitere Krankheiten hinzu.

Laut Bienenseuchengesetz ist die Nosemose keine anzeigepflichtige Krankheit. Wenn allerdings mehr als 30 % der Bienenvölker an dieser Krankheit erkrankt sind (seuchenhaftes Auftreten), darf der Imker weder seine Bienenvölker verbringen und obendrein muss er dies der Behörde, also dem Amtstierarzt, bekannt geben. Daraufhin wird der Veterinär oder ein Gesundheitswart kommen und vielleicht auch die Imker in der Umgebung darauf hinweisen, dass es hier Überwinterungsprobleme gibt.

Der Erreger

Es handelt sich hier um sporenbildende Zellparasiten. Die Sporen dringen in das Darmepithel ein und vermehren sich dort. *Nosema apis* ist in Österreich mehr oder weniger heimisch geworden, während *Nosema ceranae* in Österreich das erste Mal 2003 festgestellt wurde. Heutzutage findet man in den Bienenproben mehr *ceranae* als *Nosema apis*. Beide Erreger können auch gleichzeitig in einem Volk auftreten.

Infektionsquellen

- Bienentränke
- Futter aus Waben, die Sporen tragen

Krankheitsverlauf

- Die Sporen werden mit dem Futter aufgenommen.
- Sie keimen im Mitteldarm aus.
- Die Vermehrung findet im Darmepithel statt.
- Die Wirtszellen werden zerstört und die Sporen im Darm freigesetzt.
- Die Sporen werden mit dem Kot ausgeschieden.
- Die Sporen sind 1 Jahr im Kot keimfähig.

Schädigung

- Zerstörung des Darmepithels
- Störung des Eiweißstoffwechsels
- Die Futtersaftproduktion wird stark reduziert.
- Die Darmzellen können nicht schnell genug ersetzt werden.
- Der Bienenkot beinhaltet Millionen von Sporen.
- Durch Zerstörung des Darms kann die Biene kein Futter verwerten.
- Die Biene verliert zu viel Flüssigkeit.
- Verfrühter Ausflug von Jungbienen, da zu viele Sammelbienen sterben.
- Weitere Krankheiten befallen die Biene (Malpighamöbe, Viren).
- Verkürzung der Lebensdauer um 30 %
- Flugbienen sterben außerhalb des Stockes.

Die Nosemose tritt meistens im Winter und in den zeitigen Frühjahrsmonaten auf und ist eine Faktorenkrankheit (tritt bei mehreren sie begünstigenden Faktoren auf). Hervorgerufen durch schlechtes Winterfutter im Zusammenhang mit der Ruhrerkrankung, findet auch die Nosemose ihre Verbreitung. In weiterer Folge kommt dann auch die Amöbenruhr dazu und die Bienen sterben. Auf Standplätzen, auf denen späte Waldtracht zu verzeichnen war und die vielleicht noch dazu in Tallagen waren, hatten wir immer mit der Nosemose zu kämpfen. Die Nosemose hat zwar ihren Entwicklungshöhepunkt erst im Mai, aber zumeist schafften es die Völker an solchen Standorten nicht bis dahin.

Eine weitere Krise kommt in den Frühjahrsmonaten auf, wenn der Bienenwechsel nicht normal funktioniert. Nach einer längeren Wärmeperiode kommt sehr kaltes Wetter. Die alten Bienen versuchen mit aller Kraft, die Brut davonzubringen, und schaffen es nicht. Der Stress und das Nachlassen der Substanz der alten Bienen begünstigt die Vermehrung der Nosema.

Krankheitsbild

- Flugloch und erste Zarge sind stark bekotet, man findet Pünktchenketten (Nosemose und Amöbenruhr).
- Bienen mit geschwollenem Hinterleib.
- Die Bienen hüpfen vor dem Flugloch.
- Die Bienen können nicht mehr fliegen.
- Krabbelnde Bienen
- Tote Bienen liegen außerhalb des Stockes.
- Hoher Totenfall im Winter und Frühjahr
- Das Flugloch ist verstopft.
- Die Waben sind bekotet.

Chronische Form

- Auftreten der Nosemose im Frühjahr
- Stagnierende Volksentwicklung
- Mehr Bienen sterben weg als nachkommen.
- Das Bienenvolk wird schwächer statt stärker.

Übertragung durch den Imker

- Vereinigen von schwachen mit gesunden Völkern
- Umhängen von infizierten Brutwaben
- Einhängen von infizierten Futterwaben Übertragung von Volk zu Bienenstand
- Räuberei
- Bienenverflug unter dem Jahr von Volk zu Volk am eigenen Bienenstand
- Verkotete Bienentränke

Diagnose: Auf dem Bienenstand

Bei erhöhtem Wintertotenfall kann man an den im Bodenbrett abgefallenen Bienen auf einfache Weise prüfen, ob es sich um Nosemose handelt. Man hält die tote Biene vorne mit der linken Hand und zieht mit der rechten Hand das letzte Hinterleibssegment vorsichtig heraus. Damit kann der ganze Verdauungstrakt, bis zur Honigblase freigelegt werden. Die Farbe des Mitteldarms gibt Aufschluss, ob die Bienen an der Nosemose erkrankt sind.

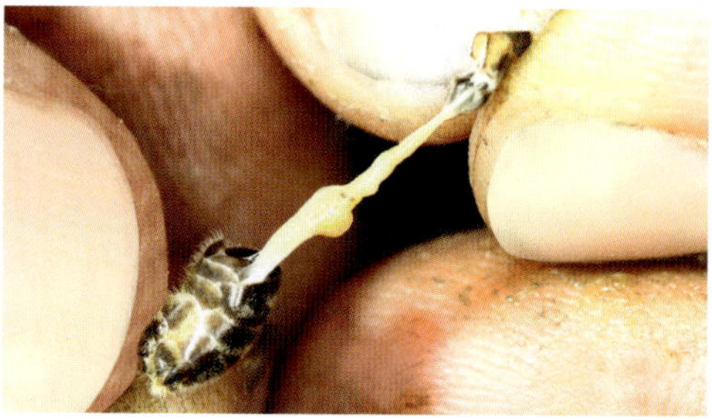

Nosema-Feldtest

INFO!

- Gesunder Mitteldarm: braun bis dunkelbraun
- Kranker Darm: milchig-weiß.

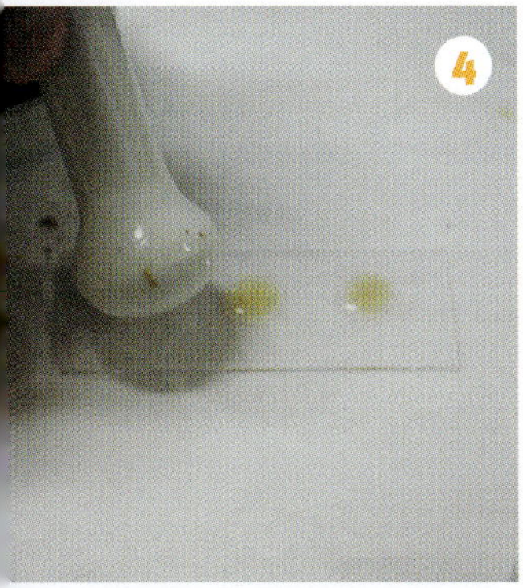

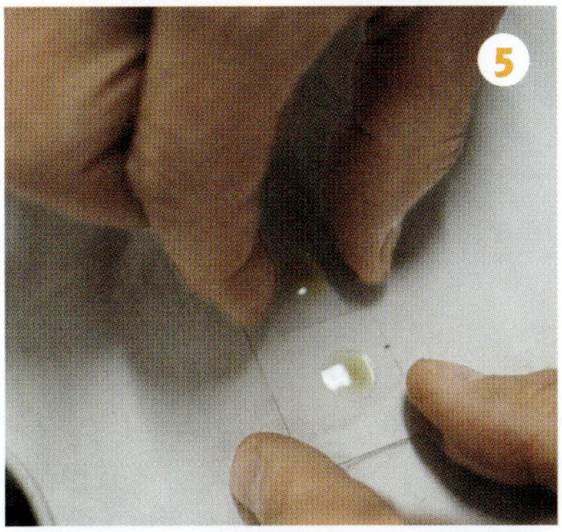

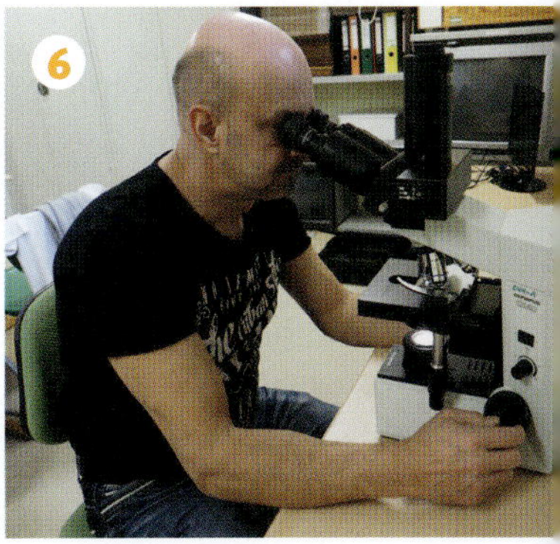

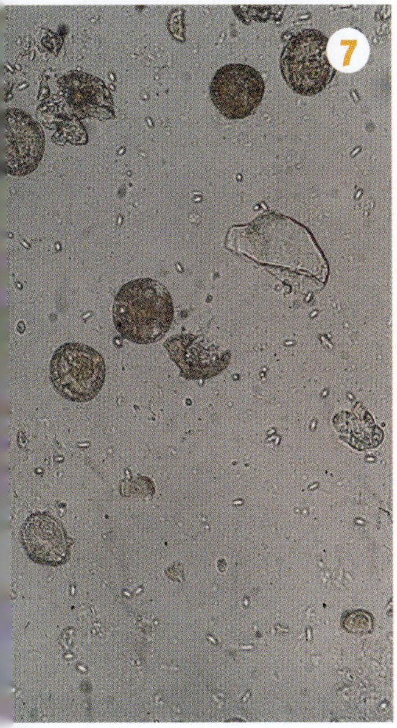

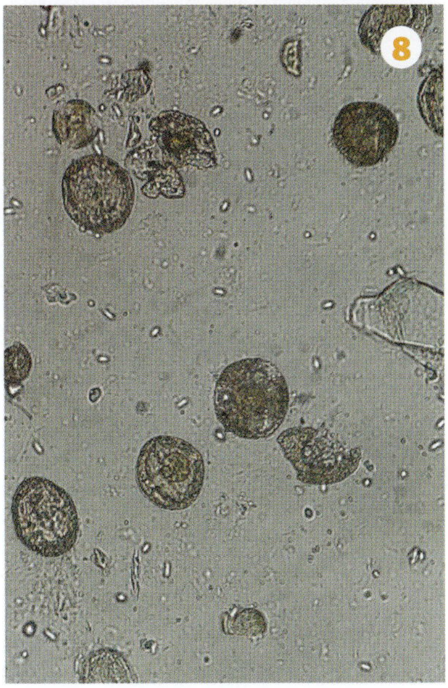

1) Bienen werden für die Untersuchung vorbereitet.

2) Wasser wird dazugegeben.

3) Die Bienen werden zerstoßen.

4) Ein Tropfen vom Darminhalt wird auf den Objektträger gegeben.

5) Die Tropfen werden mit Deckgläsern abgedeckt.

6) Das Präparat wird auf Nosemasporen untersucht.

7) *Nosema apis* unter dem Mikroskop bei 400-facher Vergrößerung

8) Nosemasporen

Untersuchung im Labor durch Lichtmikroskopische Untersuchung

Utensilien für die Untersuchung:

- Rundschere
- Keramikmörser
- Pistel (Stößel) oder kleiner Pürierstab
- Mikroskop mit 400-facher Vergrößerung

Für die mikroskopische Untersuchung braucht man 30 Bienen, so wie ehemals bei den Wintertotenfalluntersuchungen. Den bereits toten Bienen wird mit einer Rundschere (Nagelschere), wobei man die Biene zwischen Daumen und Zeigefinger hält, der Kopf abgetrennt (ausgerissen). Damit löst sich ein Teil des Muskelgewebes vom Bruststück. Hiermit wird die Tracheenuntersuchung erleichtert, da man nicht mehr so viel Muskelgewebe auflösen muss. Dann schneidet man eine 1 mm große Scheibe vom Bruststück für die Tracheenmilben-Untersuchung ab. Den übriggebliebenen Rest, mit einem Teil des Bruststückes und den ganzen Hinterleib, gibt man in eine Mörserschale. Zu den Hinterleibern kommen 5 ml Wasser hinzu. Danach zerdrückt man die Hinterleiber im Wasser mit einem Pistel und gibt einen Tropfen auf den Glasobjektträger. Auf einem Objektträger haben 3 Proben Platz, die mit einem Deckglas von 20 x 20 mm abgedeckt werden. Danach untersucht man die Proben unter dem Mikroskop bei 400-facher Vergrößerung. Sind reisähnliche Gebilde unter dem Mikroskop sichtbar, wird es sich um die Nosemose handeln.

Befallseinteilung bei 400-facher Vergrößerung

- Leichter Befall: bis zu 20 Sporen/Gesichtsfeld
- Mittlerer Befall: 20–100 Sporen/Gesichtsfeld
- Starker Befall: mehr als 100 Sporen/Gesichtsfeld

In Österreich, wenn die Proben an der AGES Institut für Bienenkunde untersucht werden, wird im Befund unterschieden zwischen „Nosema nachweisbar“ und „Nosema nicht nachweisbar“. Der Befallsgrad, so wie noch vor einigen Jahren, wird nicht mehr bekanntgegeben, da man nicht weiß, wo und wie der Imker die Proben genommen hat. Bei starkem Nosemabefall findet man oft auch die Sporen der Amöbenruhr.

Molekularbiologische Untersuchung

Nosema apis und *Nosema ceranae* unterscheiden sich unter dem Mikroskop kaum, deshalb ist eine molekularbiologische Untersuchung (PCR) notwendig.

Vorsorge und Bekämpfung

- Keine Verwendung von Waben aus erkrankten Völkern!
- Keine Verwendung von Futterwaben aus erkrankten Völkern (1 g Winterfutter beinhaltet 10.000.000 Sporen)!
- Stark befallene Völker werden abgetötet.
- Das Wabenmaterial wird ausgeschmolzen.
- Das Wachs für Kerzen verwenden.
- Bekotete Waben aus den überlebenden Völkern nehmen und einschmelzen.
- Tote Bienen aus dem Bodenbrett entfernen.
- Im Frühjahr unbedingt die Bodenbretter reinigen und mit Hitze behandeln oder in 3 % Natronlauge auskochen.
- Waben samt Brut und Bienen in frische desinfizierte Zargen umhängen.
- Deckel und Futterzarge desinfizieren.

Man könnte Leerwaben mit 60%iger Essigsäure behandeln. Damit man aber die Nosema nicht längere Zeit vor sich herschleppt, empfehle ich, diese Waben auszuschmelzen (ab 60 °C tötet man die Sporen ab) oder einem Wachsbetrieb zu übergeben, der dann das Wachs ordnungsgemäß umarbeitet. Ausgeschmolzene Rähmchen werden verbrannt.

Imkerliche Vorbeugung

- Entfernung von künstlich angelegten Bienentränken
- Feuchte Bienenstände, Tallagen, Flüsse und Augebiete meiden.
- Jungvölker immer stark genug erstellen, besonders, wenn sie spät erstellt werden.
- Stände meiden, auf denen eine Tracht bei schönem Wetter bis in den November hineinreichen kann. Den Bienen wird durch die Tracht vorgegaukelt, dass es Mitte der Saison ist, sodass bis in den November hinein Sommerbienen produziert werden. Schlägt das Wetter allerdings um, sind auf einmal die kurzlebigen Sommerbienen auf sich alleingestellt und die Winterbienen können aufgrund der Kälte nicht produziert werden.
- Varroabelastung niedrig halten.
- Bei späten Waldtrachten (speziell Tannen- und Melezitosetracht) in Blütengebiete abwandern.
- Bei verspäteter Waldtracht Honigwaben entfernen, durch ehemals bebrütete Leerwaben ersetzen und für den Winter mit Zuckerwasser bzw. Sirup auffüttern.
- Vorsorge gegen Mäuse und Spechte treffen.
- Umweiselung von an Nosema erkrankten Völkern

In Österreich sind keine Bekämpfungsmittel gegen die beiden Erreger der Nosema verfügbar.

Es können aber zur Desinfektion der Beuten, Maschinen und Geräte Natronlauge und die 60%ige Essigsäure verwendet werden.

AMÖBENRUHR (MALPIGHAMOEBIOSE)

Die Amöbenruhr zählt eher zu den harmlosen Krankheiten der erwachsenen Biene. Hier werden die Nieren der Biene, die Malpigischen Gefäße, befallen. *Malpighamoebiose mellificae* (Entdecker: Prell) gehört zu den Einzellern (Protozoen) und bildet als Dauerform Zysten. Diese werden nur unter dem Mikroskop bei 400-facher Vergrößerung sichtbar. Ihre Größe ist ähnlich der Nosemaspore und 5–7 Tausendstel mm im Durchmesser. Die Zysten sind gleich lang wie die Nosemasporen, kreisrund und unter dem Mikroskop stark lichtbrechend. Die Amöbenruhr tritt fast immer in Kombination mit der Nosemose auf.

Infektion

Normalerweise sind Amöben in jedem Volk vorhanden. Wenn das Volk durch Störungen in den Wintermonaten beeinflusst wird, kann die Amöbenruhr auftreten. Durch den schnellen Abgang der Sommerbienen, die oft nur einige Tage oder bis zu 6 Wochen, je nach Trachtsituation, alt werden, können sich die Amöben in den Sommerbienen kaum vermehren. Relevant für die Vermehrung sind also die Winterbienen, die 6–8 Monate alt werden. Bienen nehmen die Zysten bei der Reinigung von bekoteten Waben, dem Futter oder über die Wassertränke auf. Die Zysten gelangen in den Mittel- und

Enddarm, worauf aus den Zystenhüllen die beweglichen Amöben schlüpfen. Diese wandern in die Malpigischen Gefäße. In den Harnröhrchen vermehren sich die Amöben durch Zellteilung und gehen wieder zurück in die Dauerform, den Zysten. Durch das Abkoten der Bienen kommen die Zysten auf die Waben und ins Futter oder auch auf Wassertränken.

Bei den befallenen Bienen kommt es durch die Zysten zu einer Verstopfung der Harnröhrchen. Die Nierenfunktion wird stark beeinträchtigt, worauf die Lebenserwartung der Bienen sinkt. Es kommt zu einem starken Totenfall, das Volk wird stark geschwächt und stirbt.

Wann tritt die Amöbenruhr auf?

Verantwortlich für die Erkrankung ist zumeist der Imker. Geeignete Überwinterungsstandorte, auf denen die Völker trocken mit viel Sonne überwintern, werden nicht Auslöser für die Amöbenruhr sein. Begünstigt wird diese Krankheit durch feuchte, kühle Standorte (Augebiete). Auch Waldtrachtgebiete mit später Melezitosetracht und ungeeignetem Winterfutter können Auslöser dafür sein. Wiederum durch Störungen von Maus, Specht und anderen Tieren kommt es zu vermehrter Futteraufnahme, die zu Erkrankungen, wie Ruhr, Nosemose und Amöbenruhr, führen.

Die Amöbenruhr macht die größten Probleme, wenn es um den Bienenwechsel im Frühjahr geht. Wir haben in den letzten Jahren immer das gleiche Problem im März bis April gehabt, dass auf warme Tage bis zu 20 °C eine langanhaltende Schlechtwetterperiode mit großer Kälte folgte. In der warmen Zeit legt die Königin ein großes Brutnest an. Dies sollten die ersten Frühjahrs- bzw. Sommerbienen sein und die ausgedienten Winterbienen könnten endlich abgehen. Auf 20 °C folgen Temperaturen von unter 0 Grad über längere Zeit. Die alten Bienen können die Brutnester nicht mehr ausreichend bewärmen und die Larven füttern. Das führt zur Verkühlung der Brut, sodass als Folge Brut bei den Fluglöchern herausgeworfen wird, und zum Absterben der Winterbienen, da sich die Amöben in den Harnröhren weiter vermehrt haben.

Auslösefaktoren

- Früher Brutbeginn mit darauffolgenden tiefen Temperaturen
- Hohe Varroabelastung (Unruhe in den Wintermonaten, früher Brutbeginn)
- Störungen durch Maus, Specht, Marder, Waschbär
- Feuchte Standorte
- Lange anhaltende Waldtracht
- Weisellosigkeit
- Krankheitsbild
- Starker Totenfall im Bodenbrett und vor dem Flugloch
- Krabbelnde Bienen vor dem Flugloch
- Dünnflüssiger, ekelig-stinkender Kot
- Aufgetriebener Hinterleib
- Zittrige Bienen am Flugloch
- Verkotete Waben, wie bei Nosemose und Ruhr
- Bekotung der Fluglöcher

Fehler bei starkem Auftreten von Amöbenruhr

- Vereinigung von schwachen, stark erkrankten Völkern mit gesunden
- Umhängen von bekoteten Futterwaben
- Offenhalten von abgestorbenen Völkern

Gegenmaßnahmen

- Stark infizierte schwache Völker abschwefeln.

- Das Wabenmaterial ausschmelzen.
- Die Rähmchen verbrennen.
- Das Beutenmaterial mit Natronlauge auswaschen und mit Flämmgerät behandeln.

Bei noch lebenden Völkern

- Im Winter die toten Bienen aus dem Bodenbrett entfernen.
- Flugbretter und bekotete Zargen reinigen.
- Unbedingt die Völker einengen, damit der Wärmehaushalt funktioniert.
- Im Frühjahr Bodenbretter und bekotete Zargen tauschen und desinfizieren.
- Die Königinnen tauschen.

Untersuchung

Für den Laien, der kein Mikroskop zu Hause hat und mit Bienenkrankheiten nicht vertraut ist, kommt die Untersuchung nur im Labor in Frage. Für geschulte Imker ist die Untersuchung unter dem Mikroskop kein Problem. Die häufigste Untersuchungsmethode ist das Abtrennen der Hinterleiber von Kopf und Bruststück. 30 Hinterleiber/Volk werden in einer Mörserschale mit einem Pistel mit der Zugabe von 15 ml Wasser zerstampft. Danach trägt man mit dem Pistel einen Tropfen auf den Objektträger auf und gibt das Deckglas darauf. Diese werden mit einer Präpariernadel gleichmäßig auf den Objektträger gedrückt. Bei 400-facher Vergrößerung sieht man dann unter dem Mikroskop, ob das Volk an der Amöbenruhr erkrankt ist.

Spezialisten können auch die Malpigischen Gefäße herauspräparieren. Hier wird der Hinterleib samt Stachelapparat von den toten Bienen herausgezogen. Dabei werden der Enddarm, Mitteldarm und die Harnröhrchen sichtbar. In einer mit Wasser gefüllten Petrischale werden die Harnröhrchen abgezupft und auf den Objektträger verfrachtet.

Reinigung und Desinfektion

Nach einer schwierigen Überwinterung muss im Frühjahr schon mit der Desinfektion von Bodenbrettern, Beuten und dem Ausschmelzen von Futter- und Altwaben begonnen werden. In den Monaten, in denen Honig geschleudert werden, immer Maschinen und Geräte dementsprechend säubern und desinfizieren. Jungvölker nur über Kunstschwärme von starken Völkern machen und diese auf Mittelwände einschlagen. Ende Juli Völker auf Mittelwände setzen, gegen die Varroamilbe behandeln und für den Winter auffüttern. Somit schaltet man sämtliche Erreger von Brutkrankheiten und anderen Krankheiten, die die erwachsene Biene betreffen, aus.

EINE FAST SCHON VERGESSENE ANDERE MILBE – DIE TRACHEENMILBE (ACARAPIOSE)

GESCHICHTE

Die Tracheenmilbe war ein großes Problem, bevor die Varroamilbe gekommen ist. Seitdem die Varroamilbe mit organischen Säuren behandelt wird, ist die Tracheenmilbe so gut wie verschwunden. Im Moment kenne ich jedenfalls keinen Fall in Österreich. 1984 machte ich das erste Mal Bekanntschaft mit der Tracheenmilbe am Institut für Bienenkunde. Zu dieser Zeit gab es für die Bienenwanderungen die obligaten Wintertotenfalluntersuchungen, bei denen auf Tracheenmilben, Nosemose und Amöbenruhr untersucht wurde. Damals zählte die Tracheenmibe noch zu den anzeigepflichtigen Krankheiten, damit man die Verschleppung der Milbe durch die Wanderungen unterband.

Durch die immer mehr werdenden alternativen Behandlungen gegen die Varroose, wie zum Beispiel das Sperren der Königin mit anschließender thermischer Behandlung der Brut, hat die Tracheenmilbe wieder mehr Chancen, Fuß zu fassen.

DIE MILBE

Acarapis woodi (Entdecker: Rennie) gehört zu den Spinnentieren und ist 0,1 mm groß. Die Tracheenmilbe ist stark behaart und hat vor allem am hinteren Körperende lange Haare. Sie befällt das erste Tracheenpaar der Bienen. Betroffen sind nur Jungbienen im Alter von 1–10 Tagen. Die Milben steigen über die Stigmen in die Tracheen ein. Sie durchstechen die Tracheenwand und saugen Bienenblut (Hämolymphe). Milbenweibchen heften im Abstand von 1–2 Tagen 6–10 Eier an die Luftröhrenwand. Die Verschorfungen der Milbe erkennt man bei 40-facher Vergrößerung unter dem Mikroskop. Um genau zu erfahren, ob sich Milben in den Tracheenschläuchen befinden, muss man die Schläuche herauspräparieren und bei 100–400-facher Vergrößerung untersuchen. In einer Trachee können bis zu 150 Milben sein, die das Atmen der Biene durch die Verstopfung natürlich sehr erschweren. 2–3 Wochen dauert die Entwicklung der Tracheenmilbe. Nach der Begattung verlassen die Milbenweibchen die

Tracheen und befallen wieder junge Bienen, in denen die Fortpflanzung weitergeht. Die starke Behaarung und die Haftlappen an den Füßen ermöglichen der Milbe, ohne Probleme auf andere Bienen zu wechseln. Die Tracheenmilbe kann in den Bienen bis zu einem Monat überleben, mit ständigem Wechsel auf frische Jungbienen. Außerhalb der Biene überlebt die Milbe nur höchstens 24 Stunden, da sie Bienenblut braucht. Die Milbe befällt nur junge adulte Bienen, nicht aber die Bienenbrut.

Entwicklungszyklus der Tracheenmilbe

- Die Milbe klettert in das erste Tracheenpaar.
- Sie durchsticht mit ihren Mundwerkzeugen die Tracheenwand.
- Sie saugt Bienenblut.
- Die Milbe legt 7–10 Eier/Tag ab, die sie mit einem Sekret an die Tracheenwand heftet.
- In den Eiern entwickeln sich 6-beinige Larven.
- Nach dem Häuten bilden sich die 8-beinigen Tracheenmilben.
- Tracheenmilben-Weibchen werden gleich nach ihrem Schlupf von den Männchen begattet.
- Binnen weniger Tage beginnt das Weibchen mit der Eiablage.

Schadwirkung

- Verstopfung der Atemröhren.
- Durch den Blutentzug wird die Biene geschwächt, weil ihr wichtige Nährstoffe fehlen.
- Die Atemtätigkeit wird gestört.
- Durch Verstopfung der Tracheenschläuche wird die Sauerstoffzufuhr unterbunden.
- Vergiftung des Bienenblutes (durch Anstechen der Tracheenschläuche, um Blut zu saugen, gelangen die Exkremente der Milbe als Krankheitserreger in das Bienenblut).
- Bakterien, Viren und Toxine gelangen ins Blut.
- Die Biene stirbt an einer Blutvergiftung.

Krankheitsbild

- Flugunfähige, krabbelnde, zitternde, im Kreis herumhüpfende Bienen am Flugloch in den Winter- und Frühjahrsmonaten.
- Bienen mit unnatürlich verspreizten Flügeln.
- Die Flügel lassen sich durch die Schädigung der Brustmuskulatur leicht aus dem Gelenk ziehen.
- Starker Wintertotenfall
- Befallene Völker sind unruhig.
- Erhöhte Futteraufnahme im Winter
- Das Volk versucht, die Bienendefizite durch Durchbrüten über den Winter auszugleichen.
- Verfrühtes Ausfliegen kranker Bienen auch bei tiefen Temperaturen
- Die Bienenvölker nehmen im Frühjahr bei starker Parasitierung an Bienenmasse ab.
- Das Verhältnis von der Brut zu Bienen passt nicht mehr.
- Brutverkühlungen
- Aufkommen von Nosemose, Amöbenruhr und Ruhr im Winter und Frühjahr
- Bei schwach befallenen Völkern kommt es bei günstigen Frühjahrsbedingungen schnell zum Abgang der kranken Bienen (verlassen den Stock und sterben).
- Selbstheilung
- Stark befallene Völker sterben bei ungünstigen Witterungsbedingungen im Frühjahr.

Auslösefaktoren

Die Milbenvermehrung wird zumeist durch für das Bienenvolk ungünstige Witterungs- und Trachtbedingungen begünstigt. Bei starken Völkern mit leichtem Milbenbefall bemerkt der Imker die Erkrankung kaum. Werden Völker mit starker Milbenzahl eingewintert, ist die Gefahr groß, dass sie den Winter nicht überleben. Durch ständige Unruhe nehmen die Bienen viel Futter auf und werden oft durch Ruhr, Nosemose und viralen Infektionen beeinträchtigt. Erfolgt ein schlechter Bienenwechsel im Frühjahr, sodass kaum Jungbienen nachkommen, können die stark befallenen Altbienen nicht abgehen. Es erfolgt eine neuerliche Ansteckung der wenigen geschlüpften Jungbienen.

- Geringe Bruttätigkeit (zu viele alte Bienen)
- Schlechte Witterungsbedingungen
- Regenreiche Herbst- und Frühjahrsmonate
- Feuchte Standorte mit kaum Ausflugsmöglichkeit
- Schlechte Legetätigkeit der Königin
- Weisellosigkeit führt zur Überalterung der Bienen.

Wie verbreitet sich die Tracheenmilbe?

Vor der Varroazeit, als die Tracheenmilbe noch ein großes Thema war, fand die Verbreitung über den unkontrollierten Ankauf von Bienenvölkern statt. Auch durch den Kauf von Königinnen samt Begleitbienen konnte die Infektion erfolgen sowie durch den Verflug von Bienen und vor allem durch die Drohnen, die vom Drohnensammelplatz zurückkamen und es nicht so genau nahmen und anderen Völkern zuflogen. Fremde Schwärme hatten auch infizierte Bienen dabei. Auch durch Räuberei auf anderen Bienenständen haben sich die Bienen mit der Tracheenmilbe angesteckt.

- Kauf von infizierten Bienenvölkern ohne Gesundheitszeugnis
- Kauf von Königinnen
- Verflug von Drohnen und Bienen am eigenen Bienenstand
- Verflug auf andere Bienenstände
- Einfangen fremder Schwärme
- Räuberei
- Jungvolkbildung mit infizierten Bienen
- Vereinigung von kranken mit gesunden Völkern

Es hat sich immer wieder gezeigt, dass es bei kurzer Überwinterung mit einem frühen Brutbeginn zum schnellen Abgang der kranken Bienen gekommen ist und die Tracheenmilbe kaum Chancen hatte, sich zu vermehren. Lange kalte Winter begünstigten die Vermehrung der Milbe.

Herstellung der Lauge für die Untersuchung

Für die Untersuchung muss man zuerst eine 5–10%ige Kali- oder Natronlauge herstellen, um das Muskelgewebe der Tracheenscheiben aufzulösen, damit die Tracheenschläuche sichtbar werden. Kaliumhydroxid oder Natriumhydroxid erhält man in Drogerien. Beim Herstellen der Lauge ist Vorsicht geboten, da diese Flüssigkeiten ätzend sind. Daher ist es notwendig, beim Mischen und auch bei der Untersuchung Handschuhe, Schutzbrille und lange Kleidung zu tragen. Für das Herstellen der Lauge braucht man eine Waage, auf die man ein Glas mit 100 ml Wasser stellt. In das Wasser und nie umgekehrt wird nun 10 g Kaliumhydroxid hinzugefügt und aufgelöst. So wie bei der Seifenherstellung spürt man sofort die Erwärmung der Flüssigkeit. Die Lauge ist nun fertig, das Glas wird verschlossen und ordnungsgemäß mit „10%ige Kalilauge“ und „Vorsicht Giftig“ beschriftet. Zur

Aufbewahrung gibt man die Lauge in einen versperrbaren Giftschrank, damit keine Kinder und Unwissenden dazukommen. Ich selbst hatte vor Kurzem einen kleinen Unfall bei der Herstellung einer Lauge für die Seifenherstellung. Beim Mischen der Lauge bekam ich winzige Ätznatronkristalle ins Auge, weil ich keine Schutzbrille trug. Danach war ich aber schnell mit meinem Kopf unter der Wasserleitung im Waschbecken und ließ das Wasser 5 Minuten über das Auge rinnen. Trotzdem war das Auge ein paar Tage rot.

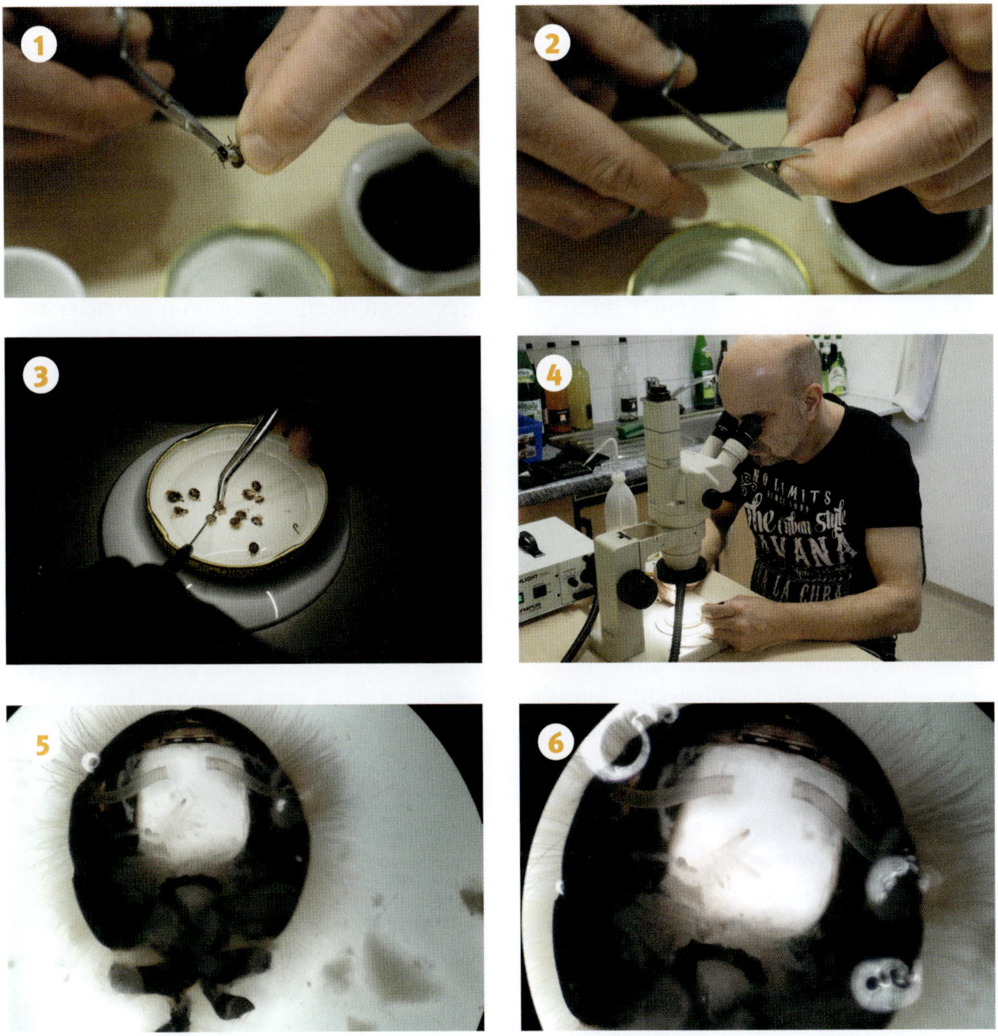

1) Der Kopf wird abgetrennt.; 2) Eine Scheibe vom Bruststück wird heruntergeschnitten.; 3) Das Brustgewebe wird entfernt.; 4) Untersuchung bei 40-facher Vergrößerung; 5) Die Tracheenschläuche sind sauber.; 6) Klare Tracheenschläuche

Geräte für die Untersuchung

- 1 Fingernagelrundschere
- 2 Präparationsnadeln
- 1 Pinzette
- 1 Teesieb
- 1 Glasbecher
- 5–10%ige Kalilauge
- 1 flache Schale (Boden von Joghurtbecher) oder Petrischale
- Herdplatte mit Topf
- Gummihandschuhe
- Schutzbrille
- Mikroskop mit 40-facher Vergrößerung

Zur Untersuchung brauchen wir mindestens 30 tote Bienen, die in den Wintermonaten ins Bodenbrett gefallen sind. Man nimmt eine Biene und hält sie in einer Hand mit Daumen und Zeigefinger an den Flügeln fest. Danach reißt man vorsichtig mit der Rundschere der bereits toten Biene den Kopf aus. Somit entfernt man einen Teil des Muskelgewebes vom Bruststück. Dann schneidet man mit der Schere eine 1 mm dicke Scheibe vom Bruststück weg bis zum 1. Beinpaar der Biene. Diesen Chitinring samt Muskelgewebe und den beiden Tracheenschläuchen schneidet man direkt in einen bruchsicheren Laborglasbecher. Das übriggebliebene Bruststück mit dem Hinterleib wird für die Nosemauntersuchung in eine Mörserschale gegeben. Hat man die 30 Brustringe heruntergeschnitten, übergießt man diese mit 3 cm Kalilauge. Das Muskelgewebe würde sich nach 24 Stunden von selbst auflösen. Wir beschleunigen das Ganze, indem wir das Becherglas im Wasserbad 5 Minuten leicht köcheln lassen (Schutzbrille). Wenn das Muskelgewebe dunkel wird, nimmt man den Becher aus dem Wasser und lässt ihn einige Minuten stehen. Danach leeren wir die Chitinringe im Waschbecken in ein Teesieb und spülen das Muskelgewebe aus, sodass die Tracheenschläuche frei werden. Jetzt werden die Brustscheiben in eine Petrischale gegeben, in der ½ cm Wasser ist, und unter das Mikroskop gestellt. Mit den Präparationsnadeln kann man nun die Ringe untersuchen und bewegen. Unter dem Mikroskop sieht man, ob man die Chitinringe erfolgreich geschnitten hat und die dranhängenden Tracheenschläuche sichtbar werden.

Sind diese Schläuche durchsichtig hell, sind die Bienen gesund. Bei Befall von Tracheenmilben sieht man braunschwarze Verfärbungen in den Tracheenschläuchen. Einerseits sind dies Flecken von den Haftmitteln der Tracheenmilbe, andererseits aber auch durch das eingedrungene, eingetrocknete Blut der Biene. Werden Verschorfungen gesichtet, werden die Tracheen vom Thoraxring entfernt, auf einen Objektträger übertragen und unter dem Mikroskop bei 100-facher Vergrößerung näher betrachtet. Hierzu öffnet man die Tracheenschläuche mit zwei Präpariernadeln. Bei dieser Vergrößerung werden erwachsene Milben, Larven und Eier sichtbar.

Bekämpfung

- Stark befallene Völker werden abgetötet.
- Behandlung mit Ameisensäurepräparaten
- Behandlung mit Thymolpräparaten
- Flüssigfütterung im Frühjahr, damit die kranken alten Bienen ausfliegen.

BIENENSCHÄDLINGE

GROSSE UND KLEINE WACHSMOTTE

Heute, wo kurze Wabenumtriebszeiten schon aufgrund der Rückstandsproblematik angesagt sind, wird die Bekämpfung der Wachsmotte um einiges leichter. Die Wachsmotte befällt beinahe ausschließlich bebrütete Waben oder Waben mit Pollen, die nicht von Bienen besetzt sind, bei einer Temperatur von 10–15 °C lagern. Am Ende der Saison, also nach der letzten Schleuderung, sollten ohnehin alle ehemals bebrüteten Waben aufgebraucht werden, das heißt, entweder wieder in den Völkern hängen oder schon eingeschmolzen sein. Wie im vorigen Kapitel erwähnt, schafft man es mit alternativen, größtenteils tierarzneimittelfreien Varroabehandlungen (Königin käfigen, auf Bannwabe sperren, Fangwaben verwenden), dass die Waben des Brutraumes brutfrei werden. Alte Waben werden entnommen und ausgeschmolzen und durch ausgeschleuderte, teilweise sogar ehemals bebrütete Waben ersetzt. Diese werden in der Mitte der Zargen platziert, sodass das Volk dann auch im Winter in der Mitte sitzt und sich im Frühjahr gleichmäßig ausweiten kann, oder bei Großwabenbetriebsweisen seitlich, um ein kompaktes Brutnest zu ermöglichen. Somit bleiben nur mehr die unbebrüteten Jungfernhonigwaben übrig, an denen die Wachsmotte ohnehin nicht so interessiert ist. Gibt man in den Zargen nur die Hälfte der Waben hinein und teilt diese mit Zwischenraum auf, können mit guter Belüftung (Gitterboden, Rahmen mit Gitter als Abdeckung) Jungfernwaben ohne Behandlung gut aufbewahrt werden.

Für den kleinen Imker mit ein paar wenigen Völkern oder bis zu einer Betriebsgröße von bis zu 70 Völkern ist eine große Gefriertruhe ausreichend, in der 6 Flachzargeneinheiten samt Rähmchen Platz haben. Wichtig ist, dass auch die Zarge eingefroren wird, weil viele Wachsmotteneier in den Ritzen dieser abgelegt werden. Die Waben sollten 48 Stunden bei −18 °C durchgefroren werden, um ganz sicher zu gehen, dass alle Stadien der Wachsmotte abgetötet worden sind. Danach füllt man die Zargen bis zur letzten Wabe, stapelt diese dicht übereinander und verschließt oben die letzte Einheit mit einem dichten Deckel. Dies ist für Imkereien, die wachsmottendichte Räume oder Zargen besitzen, eine gute und noch dazu auch eine biologische Lösung, um der Wachsmotte Herr zu werden. Ich glaube, dass die chemische Behandlung (Schwefel)

Verwahrlostes, abgestorbenes Volk, von Wachsmotten zerfressen

Große Wachsmotte

Von Wachsmotte zerfressener Stock

der Geschichte angehören sollte, da diese immer wieder zu Problemen mit Unfällen und Rückständen führt.

B 401 – die 100 % biologische Wachsmottenbekämpfung

Sollte der Platz für eine Gefriertruhe nicht gegeben sein, würde ich die Variante mit B 401 wählen. Die biologische Bekämpfung der Wachsmotte durch den Einsatz von natürlichen Schädlingen der Wachsmotte (*Bacillus thuringiensis*) ist sehr beliebt. *Bacillus thuringiensis* ist auch in anderen Zweigen der Landwirtschaft im Einsatz (z. B. im Gemüseanbau, sowohl bei der Bekämpfung des Schwammspinners und Buchsbaumzünslers als auch in der Schnakenbekämpfung), nicht zuletzt wegen der zuverlässigen und sicheren Wirkung ohne jegliche Giftigkeit für Mensch und Tier.

BIENENLAUS

Durch die Varroabekämpfung in den letzten nahezu 40 Jahren verschwand die Bienenlaus komplett von der Bildfläche. Ich kann mich noch genau erinnern, als ich ein kleiner Bub mit 8 Jahren war und es noch keine Varroamilbe in Österreich gab, wie 7 Bienenläuse die Königin besetzten und ihr das Futter wegfraßen.

Meldungen aus jüngster Zeit zeigen, dass es wieder Bienenläuse geben soll. Vielleicht daher, dass man immer mehr zu alternativen Varroabekämpfungsmaßnahmen greift und auf organische Säuren verzichtet. Die Bienenlaus überwintert in der Wintertraube. Vom Frühjahr weg bis in den Herbst legen die Weibchen Eier unter den Honigzellen in die Futterkränze oberhalb der Brut ab. Am Zelldeckel sieht man die Fadengänge der Larven (sieht anders aus als die normale Verdeckelung). Die Bienenlaus richtet nicht wirklich einen Schaden an, kann aber die Königin durch ständiges Besetzen und

Stören bei der Futteraufnahme so beeinträchtigen, dass die Legetätigkeit abnimmt. Die erfolgreichste Bekämpfung der Bienenlaus erfolgt durch den Einsatz mit organischen Säuren, also mit Ameisensäure und Oxalsäure.

WESPE

Allgemein wird mit dem Begriff Wespe ein Insekt bezeichnet, das als Echte Wespe aus der Unterfamilie der Faltenwespen bekannt ist. Von dieser Unterfamilie gibt es auf der ganzen Welt 61 Arten, davon kommen in Mitteleuropa jedoch nur 11 Arten vor. In unseren Breiten ist es die Gemeine Wespe sowie die Hornisse, die ihren wichtigen Beitrag in der Pflanzenwelt leistet.

Wespen sind ein Staaten bildendes Volk und bilden jedes Jahr neue Nester. Sie bauen ihre Nester mit abgenagtem Holz, das letztendlich aussieht wie graue Zellulose. Die Königin bildet einen Staat, der bis zu 13.000 Tiere stark sein kann. Die Königin überwintert als Einzeltier in Mauerritzen oder unter Baumrinden. In der letzten Zeit ist es deutlich besser geworden, dass die Menschen die Wespen von den Bienen unterscheiden können. Das mag vielleicht daran liegen, dass die Leute naturbewusster leben und sich für die Materie mehr interessieren.

Auf manchen Bienenständen gibt es hin und wieder eine Wespenplage. Am Entwicklungshöhepunkt im Juli und August fliegen die Wespen bei den Bienenstöcken aus und ein. Solange es warm ist, verteidigen sich die Bienen, sitzen in Trauben am Flugloch und vertreiben Wespen und Hornissen, indem sie eine Welle machen. Werden die Tage aber kälter und geht die Temperatur auf unter 10 °C herunter, können sich die Bienen nicht mehr wehren. Findet man im Juli und August Flügel und Beine von den Bienen am Bodenbrett oder auf der Stockwindel, dann sind die Wespen am Werk und beißen den Bienen diese ab. Die Plage kann lange andauern (November) und die Bienenmasse schon um einiges dezimiert werden.

Bekämpfung

Normalerweise sehe ich bei leichtem Befall von einer Bekämpfung ab, allerdings auf Bienenständen, wo die Wespen eine richtige Plage sind, sollte man dagegen vorgehen. Ich z. B. fange die Wespen mit einer 1,5 Liter fassenden PET-Flasche, in die ich in der Mitte, an der Verengung, ein Loch schneide. Danach gebe ich eine Mischung von Bier, Fruchtsaft und etwas Essig hinein. Diese Flasche hänge ich dann in der Nähe des Standes auf bzw. stelle ich die Flaschen bei starker Wespenplage auf die Völker. Bienen kommen hierbei nicht zu Schaden, denn sie haben kein Interesse an dem Bier-Fruchtsaft-Gemisch.

HORNISSE

Hornissen bekämpfe ich nicht, da sie nur selten bei den Bienenständen vorbeischauen und sich Bienen im Flug schnappen. Die Bienen haben ein gewisses Abwehrverhalten entwickelt, indem sie sich am Flugloch zu einer Traube zusammensetzen und der

Hornisse zerlegt eine Biene.

Hornisse, wenn sie vorbeifliegt, in welliger Form ihren aufgedrehten Hinterleib mit entgegengestrecktem Stachel zeigen. Hin und wieder kann man beobachten, dass die Bienen eine Hornisse einknäulen und durch Hitze abtöten. Die Hornisse ist in Mitteleuropa die größte Faltenwespe und geschützt. An dieser Stelle sei aber vermerkt, dass der Imker keineswegs für den Verbring von Wespen- und Hornissenbehausungen zuständig ist.

Manche Menschen verstehen es nicht, wenn man diese gefährlichen Aktionen ablehnt.

MAUS UND SPECHT

Die Wintersicherung gegen Eindringlinge ist die halbe Miete für eine gute Überwinterung und kann recht einfach sein. Bei meinen Bienenvölkern mit älteren Bodenbrettern habe ich Fluglochkeile aus Holz, die sich von 7 auf 5 mm nach innen reduzieren, die eigentlich das Eindringen vor Mäusen schützen sollten. Für Spitzmäuse ist dieser Keil aber kein Problem, sie kommen in die Stöcke hinein und sorgen für Unruhe. Durch die Störung nehmen die Bienen ständig Futter auf und es kommt zur Ruhrerkrankung. Die Gegenmaßnahmen sind sehr einfach. Man braucht vor der Überwinterung nur einen Mäuseschutz anbringen. In diesem Fall ist dies ein 7-mm-Maschengitter, sodass die Bienen gut aus- und einfliegen können. Bei einem Gitter mit 5 mm Maschenweite würden die Bienen zwar durchkommen, aber den Pollen, den sie zeitig im Frühjahr für die Brutversorgung brauchen, abstreifen. Bei neueren Bodenbrettern gibt es kaum Mäuseprobleme, da diese zumeist mit Fluglochkämmen ausgestattet sind, wo Mäuse nicht hindurchkommen.

Kombination Mäuse und Spechte auf einem Bienenstand

Schlaue Mäuse knabbern hin und wieder die Zähne des Fluglochschiebers ab und können so in den Stock gelangen. Für den Specht ist so ein Kunststoffschieber kein

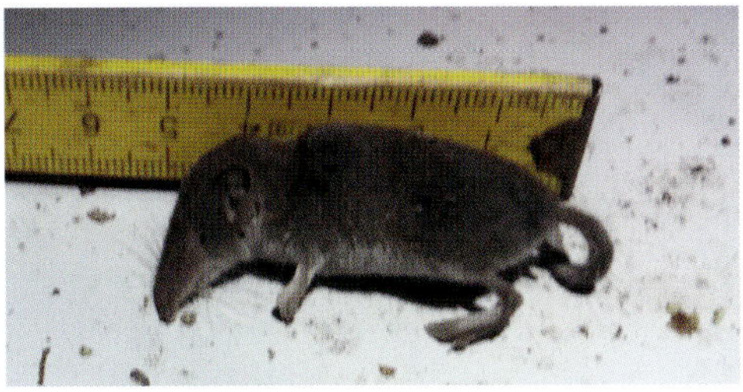

Zwergspitzmaus

Mäusenest

Problem. Einmal draufgehämmert, zerbricht das Teil in mehrere Teile, da der Kunststoff durch die Kälte brüchig wird.

Abhilfe: Metallschieber

Solange für die Varroabehandlung Ameisensäure einsetzt wird, also bis Ende September, darf man die verzinken Metallfluglochschieber nicht vorne anbringen. Durch die Ameisensäure fangen die Schieber zu rosten an.

Zu dieser Zeit gibt es durch Maus und Specht auch noch keine Schäden, da einerseits die Tiere in der Natur noch genügend Futter finden und die Bienenvölker auch noch zu stark sind. Beim Metallfluglochrechen beißt sich einerseits die Maus die Zähne aus und andererseits verbiegt sich der Specht den Schnabel.

Für den Specht bleibt nun nur noch die Möglichkeit, sich durch das Holz zu hämmern. Dies macht er meistens, der Specht ist ja ein kluges Tier, an dünnen Stellen, zum Beispiel in den eingefräßten Griffen oder zwischen Holzdeckel und Zarge. Die Löcher in den Zargen können, wenn er fleißig ist, faustgroß sein. Meistens sind Grünspechte am Werk, die ein hohes Alter erreichen. Um zu verhindern, dass der Specht Schaden anrichtet, spannt man ein Siloballennetz über die Völker.

Obwohl wir auf Bienenständen, auf denen die Bienen keinen Waldhonig eintragen, keine Überwinterungsprobleme haben sollten, verloren wir einst einige Völker durch den Specht. Durch diese ständige Unruhe kommt es wieder zu vermehrter Futteraufnahme. Nach längerer Zeit, in der die Bienen nicht ausfliegen können, kommt es zur Überlastung der Kotblase und zum Ausbruch der Ruhr.

Die Situation mit dem Specht hat sich in den letzten 10 Jahren verschärft. Auf Ständen, auf denen es eigentlich nie Probleme gegeben hat, richtet der Specht erheblichen Schaden an. Zum Schutze gegen den Specht spannt man ein Netz, das bis zum

Mäuseschutz

Wintersicherung mit 7-mm-Gitter

1) Ein Specht hat die Zargenwand und die Rähmchen zerhämmert, das Volk hat nicht überlebt.

2) Spechtloch mit Ruhrspritzer

3) Spechtsicherung

Boden reicht. Es sollten möglichst keine Bögen beim Spannen des Netzes entstehen, da der Specht sehr schlau ist und er seine Nachkommen einschult, wie man zu den Stöcken gelangt und sie bearbeitet. Das Netz sollte auch nicht zu nahe an die Stöcke kommen, da der Specht sonst durch das Netz die Beuten bearbeitet. Er sucht sich die dünnsten Stellen aus, an denen er bis zu faustgroße Löcher hämmert. Durch die Erschütterung nehmen die Bienen vermehrt Futter auf und sterben an der Ruhr.

MARDER UND WASCHBÄR

Ein weiterer Grund, dass die Bienen an der Ruhr erkranken, ist die Störung durch Marder und Waschbären. Der Marder hat nicht nur Interesse an Autokabeln, sondern auch an Bienenstöcken. Der Waschbär, also ein Bär, der auch gerne Honig frisst, ist ein großes Problem in den Städten geworden, weil er Schaden an Styroporfassaden und im Garten anrichtet. Bei unseren Bienenstöcken hatten wir auch Probleme mit Waschbären, die einfach die Kunststoffkeile herausrissen und sogar die Bauunterbrechung im Bodenbrett bearbeiteten. Vor einigen Jahren fanden wir lauter Trümmer von Plastikfluglochschiebern und Holzspäne auf einem Bienenstand vor. Zusätzlich hausten durch die großen Öffnungen auch noch Feld- und Spitzmaus in den Völkern und einige Völker erkrankten durch die permanente Störung an Ruhr.

Abhilfe

Seit wir die Metallschieber an unseren Fluglöchern anschrauben, gibt es keine Probleme mehr.

Vandalismus. Manchen Menschen ist es offenbar zu langweilig.

ERWARTETE NEUE BIENEN-SCHÄDLINGE

KLEINER BIENENBEUTENKÄFER, SMALL HIVE BEETLE *(AETHINA TUMIDA)*

Zu diesem Zeitpunkt ist es schwierig zu sagen, ob und wann sich der kleine Beutenkäfer von Italien (Kalabrien), Sizilien in den Norden ausbreitet. Wahrscheinlich ist der Beutenkäfer dort mit dem Schiff eingeschleppt worden, da sich Bienenschwärme auch auf Container ansetzen, die verschifft werden. Dies geschah wahrscheinlich auch in Australien und in den USA auf diese Weise, da der Käfer in der Nähe von Hafenstädten gefunden wurde. In der Nähe des Hafens Gioia Tauro in der Provinz Reggio Calabria fand man am 12. September 2014 in 3 Ablegern alle Stadien des Käfers.

2015 breitete sich in Süditalien der Käfer auf über 30 Bienenständen aus. Durch schnelle Reaktion der Behörden wurden alle Bienenvölker auf den betroffenen Ständen vernichtet und der Boden rund um alle Bienenstände mit Pestiziden behandelt, da sich der Käfer in der Erde verpuppt. Es wurden alle Völker in einem 20-km-Radius untersucht und die Sicherheitszone auf 100 km ausgeweitet, aus dem keine Völker, Königinnen und Beutenmaterial verbracht werden durften.

Ursprünglich war der kleine Beutenkäfer in Südafrika beheimatet (südlich der Sahara), Senegal, Nigeria, Ägypten (2000). 1996 fand man den Käfer das erste Mal in South Carolina. Im Jahr 2003 wurde der Befall in 29 US-Staaten bestätigt. In den USA kam es am Anfang zu schweren Völkerverlusten. Von Horrorszenarien wurde berichtet, dass der Käfer seine Siegeszüge vom Süden bis zum Norden (Kanada) fortsetzte. Mittlerweile ist es in den USA ruhig geworden und der Beutenkäfer gehört zum Alltag dazu. Man hat den Käfer in den Griff bekommen. Am Anfang waren die großen Kooperationsbetriebe das Problem, in denen sich der Käfer bei der Honiggewinnung in den Waben und anschließend in den honigfeuchten Leerwaben blendendst vermehrte. Nun achtet man mehr auf die Hygiene, eliminiert stark befallene schwache Völker und kühlt die Waben dementsprechend, sodass sich der Käfer nicht vermehren kann.

Ausbreitung

- Afrika (1867 von Andrew Murray das erste Mal beschrieben)
- 1996 South Carolina
- 2000 Ägypten
- 2001 Australien

- 2002 Kanada
- 2004 Portugal, Frankreich (Königinnenimport, alle Königinnen samt Begleitbienen samt Inhalt wurden abgetötet)
- 2014 Italien/Sizilien

Vorsorgemaßnahmen

Der Befall bzw. der Verdacht eines Befalls ist anzeigepflichtig! In der EU-Melderichtlinie 82/894/EWG ist als meldepflichtige Seuche im Anhang I der Befall mit dem kleinen Bienenstockkäfer (*Aethina tumida*) gereiht. Da derzeit die tatsächliche Verbreitung dieses Schädlings noch nicht genau bekannt ist, sollten aus Gründen der Vorsorge weder Bienenvölker noch Bienenköniginnen aus Italien und gefährdeten Ländern importiert bzw. im Zuge von Wanderungen und Bienenimporten nach Österreich verbracht werden. Die Vorschriften für den innergemeinschaftlichen Handel mit lebenden Bienen und Hummeln besagen, dass „Bienen/Hummeln aus Gebieten stammen müssen, in denen in einem Umkreis von mindestens 100 km Radius keine Beschränkungen im Zusammenhang mit dem Verdacht oder dem bestätigten Vorkommen des Kleinen Bienenstockkäfers in Kraft sind".

In seiner ursprünglichen Heimat Afrika wird der Käfer durch Attacken am Flugloch am Eindringen gehindert. Die Cap- und Scutellatabiene errichtet Propolisfallen und sperrt den Käfer in Fugen und Ritzen durch Verpropolisierung ein. Eier und Larven werden entfernt. Wird der Befall zu groß, verlassen die Bienen den Stock (Absconding).

Der Käfer

Er gehört zur Familie der Glanzkäfer und ist 5 mm lang und 3 mm breit. Das Weibchen ist etwas größer als das Männchen. Der Käfer fällt durch seine Spitzen am Brustschild und seine einzigartigen keulenförmigen Fühler auf. Nach dem Schlüpfen ist der Käfer braun und mit zunehmendem Alter dunkelbraun gefärbt. Die Lebensdauer des Beutenkäfers beträgt 4–6 Monate.

Nahrungsquellen

- Überreife Früchte (Orangen, Mangos, Melonen ...)
- Blütenpollen von Blüten
- Bienenbrut
- Bienenbrot
- Honig

Entwicklungszyklus des Käfers

- Ablage von Eibüscheln von 160–200 Eiern an geschützten Stellen
- Nach 3 Tagen schlüpfen aus den Eiern die Larven.
- Die Larven sind 10–12 mm lang und haben Stachelreihen.
- Relativ widerstandsfähig im Vergleich zur Wachsmotte, lassen sie sich kaum zusammendrücken.
- Die Larven kriechen zum Licht, während die Wachsmotte lichtscheu ist.
- Die Larven des Käfers bilden kein Gespinst.
- Die Fressphase der Larven dauert 6–14 Tage.
- Ausgewachsene Larven wandern aus und verpuppen sich in der Erde.
- Ist der Boden nicht geeignet, wandern die Larven bis zu 100 m weg vom Bienenstand.
- Die Wanderlarven verlassen in den Abendstunden den Stock.
- Verpuppung im Boden und 8 Tage Puppenruhe.
- Der Käfer schlüpft und ist nach einer Woche paarungsreif.
- Aufsuchen neuer Bienenvölker
- Der Käfer kann bis zu 20 km fliegen.
- Überwintert in kalten Gebieten in der Bienentraube.

Welche Stärken hat der Käfer?

- Ist ein guter Flieger.
- Sucht aktiv durch seinen guten Geruchssinn Bienenvölker auf.
- Braucht den Bienenstock nicht zum Überleben.
- Kann 2 Wochen ohne Nahrung und Wasser überleben.
- Kann sich monatelang von Obst und Waben ernähren.

Schadwirkung

- Frisst Honig, Pollen und besonders die Brut.
- Zerstört die Waben.
- Bei starkem Befall rinnt der Honig beim Flugloch heraus.
- Die Brut wird stark dezimiert.
- Das Volk wird schwach und stirbt.

Bekämpfung

- Eigenkontrolle der Bienenvölker (Käfer hält sich meist unter dem Deckel auf)
- Keine Importe von Bienenvölkern, Paketbienen oder Königinnen aus anderen Ländern, besonders nicht aus gefährdeten Gebieten.
- Die Larven beim Verlassen des Stockes auffangen.
- Sandige Standorte meiden, damit sich die Larven nicht so leicht in den Boden einnisten können.
- Honigwaben gleich schleudern und Waben, wenn sie nicht verwendet werden, einfrieren (bei unter –12 °C werden binnen 24 Stunden alle Stadien des Käfers abgetötet).
- Swiffer Sweeper Pads (Aufwaschtücher), in denen sich der Käfer verhängt und stirbt.

TROPILAELAPSMILBE *(TROPOLAELAPS CLAREAE)* (ENTDECKER: DELFINADO & BAKER, 1961)

Die Tropilaelapsmilbe kann, wenn sie nach Europa eingeschleppt wird, durch die Klimaerwärmung ein großes Problem werden. Wir haben vorerst noch den Vorteil, dass die Völker im Winter eine Brutpause machen, in der die Milbe sterben würde, da sie auf der erwachsenen Biene nicht Blut saugen kann und verhungert. Leider hatten wir schon Winter, die zu warm waren, es keine Temperaturen unter dem Gefrierpunkt gab und die Völker durchbrüteten. Solche Wintermonate begünstigen die Vermehrung von Varroa- und Tropilaelapsmilbe.

Vorkommen

- Asien (Iran bis Neuguinea)
- Phillipinen
- Ursprünglicher Wirt: *Apis dorsata*
- Bei Völkern von *Apis cerana*, *florea*, *laboriosa* und bei durchgehender Brutperiode auch in *mellifera* entdeckt

Es gibt 4 verschiedene Arten

- *Tropilaelaps clareae*
- *Tropilaelaps mercedesae*
- *Tropilaelaps koenigerum*
- *Tropilaelaps thaii*

Die Tropilaelapsmilbe gehört in der EU zu den anzeigepflichtigen Krankheiten der Honigbiene. Nur von *T. clareae* und *T. mercedesae* ist bekannt, dass sie *Apis mellifera* als Wirt nutzen. Gemäß EU-Recht besteht die Verpflichtung, jeden Fund an die zuständige Behörde zu melden. Tropilaelapsmilben kommen in Europa noch nicht vor, es besteht jedoch das ernste Risiko der Einschleppung.

Die Milbe

- Größe: 1 mm lang und 0,7 mm breit (kleiner als die Varroamilbe)
- Helle, rotbraune Färbung
- 4 Beinpaare (das erste Beinpaar ist nach oben gestreckt)
- Schnelle Beweglichkeit

Vermehrung

- Das Weibchen legt 1–4 Eier in der verdeckelten Zelle auf die Larven.
- Das Weibchen saugt an der Larve.
- Entwicklungszeit: 1 Woche.
- Bis zu 100%iger Befall der Drohnenbrut.
- Die Jungmilben schlüpfen nach einer Woche aus der geschädigten Brut.
- Sitzt nur kurze Zeit auf adulten Bienen, da sie sich von ihnen nicht ernähren kann.

Schadwirkung

- Die schnellere Entwicklung der Tropilaelapsmilbe führt zu früherem Absterben des Volkes.
- Die geschädigte und tote Brut wird von den Bienen ausgeräumt, deshalb gibt es ein lückenhaftes Brutnest.
- Die Bienen krabbeln vor dem Flugloch.
- Die Bienen weisen Missbildungen an den Flügeln auf, fehlende Beine, verkürzter nicht entwickelter Hinterleib.
- Bei gleichzeitigem Befall mit der Varroamilbe ist die Tropilaelapsmilbe überlegen und Varroa kann sich nicht vermehren, was oft das „Aus" für die Varroa bedeutet.

Nach diesem letzten Satz sollte aber niemand auf die Idee kommen, die Tropilaelapsmilbe einzuschleppen, um die Varroamilbe zu verdrängen. Die Milbe ist mit einer immensen Population so aggressiv, dass Völker binnen weniger Wochen absterben. Die EU-Gesetzgebung verbietet derzeit Importe von Paketbienen oder Bienenvölkern aus Drittstaaten (außer aus Neuseeland). Der Import von Königinnen aus einer sehr begrenzten Anzahl von Ländern außerhalb der EU ist erlaubt. Die Importbeschränkungen sind ein wesentliches Abwehrinstrument gegen die Einschleppung von Tropilaelapsmilben. Daher ist es entscheidend, dass alle Imker die EU-Gesetzgebung einhalten und die reguläre Überwachung gewährleisten.

Bekämpfungsmaßnahmen

- Alle Bekämpfungsmaßnahmen, die auch die Varroamilbe betreffen, gelten auch für die Tropilaelapsmilbe.
- Ganzjährige Drohnenbrutentnahme mit anschließendem Ausschmelzen der verdeckelten Brutwaben (2 Bruträume, 2 Drohnenrähmchen mit 9 Tagen Entwicklungsunterschied)
- Die erfolgreichste Methode ist die totale Brutentnahme und im Anschluss auf Mittelwände setzen.
- Bei starkem Befall Vernichtung der Brut
- Sonst thermische Behandlung
- Käfigen der Königin bis zur Brutfreiheit (Milben sterben ohne Brut)
- Bannwabenverfahren
- Ameisensäure
- Oxalsäure
- Ätherische Öle

Natürlich gibt es eine Reihe an Behandlungsmitteln, die auch gegen die Varroamilbe eingesetzt werden. Wir Imker sind verpflichtet, nur zugelassene Mittel zu verwenden, die auf der Homepage der Gesundheitsministerien aller Länder abrufbar sind. In diesem Zuge möchte ich auch klar darauf hinweisen, dass ich deswegen nur Säuren und ätherische Öle angeführt habe, da diese flüchtig sind und sich schnell abbauen.

Persönlich halte ich vom Einsatz von ätherischen Ölen auch nicht viel, da ich schon vor 10 Jahren mit diesen Mitteln Schiffbruch erlitten habe. Außerdem führt die mehrjährige Anwendung von zugelassenen Präparaten mit ätherischen Ölen zu einer starken Anreicherung des Bienenwachses, welche auch in den Honig übergehen.

ASIATISCHE HORNISSE *(VESPA VELUTINA)*

Diese Wespenart ist etwas kleiner als die Europäische Hornisse, aber wesentlich flinker. Auffallend mit ihrem schwarzen Körper und den extrem gelben Beinen, ist die Hornisse leicht erkennbar.

Vorkommen

Ursprünglich stammt die *Vespa velutina* aus dem Süden Chinas und von der Insel Taiwan. Sie besiedelt auch Teile Indiens (Himalajagebiet) und ist auch in Pakistan, Afghanistan und auf der Inselwelt Indonesiens vertreten. Die Wespe wurde 2003 nach Südkorea und 2014 nach Japan eingeschleppt. Normalerweise lebt die Wespe im Gebirge, man findet sie aber auch, hier in diesen Ländern, in den Tropengebieten.

2004 wurde die Wespe erstmalig in Frankreich (Bordeaux) entdeckt. Die Asiatische Hornisse hat sich inzwischen in Frankreich und auch in Deutschland (Schwarzwald) ausgebreitet. Ihre Ausbreitung folgte in Italien (Nordwest-Piemont und Ligurien), Belgien, Spanien und Portugal.

Die Hornisse baut ihre Nester zumeist in 5–8 m Höhe, geschützt in den Bäumen. Somit ist ihre Bekämpfung sehr schwierig. Sobald Blätter auf den Bäumen sind, kann man die Nester nur mit Drohnen, ausgestattet mit Wärmebildkammeras, auffinden. Die Hornisse ist bis in den Frühsommer hinein harmlos, da die Population klein ist. Zur Plage wird sie erst im Juli, August, September und Oktober, wo bis zu 20.000 Individuen pro Nest unterwegs sein können. Das große Problem ist gerade zur Zeit der Varroabehandlung, in der die Völker durch die Behandlungseingriffe ohnehin geschwächt werden und sich neu aufbauen sollen. Die Bienen werden zu dieser Zeit am Ausfliegen gehindert, da sie sehen, dass jede Sammelbiene, die heimkehren will, vor dem Flugloch von den Hornissen erwartet wird und zu Tode kommt. Somit können auch Völker sogar sterben, da kaum Nahrung eingebracht werden kann und die Völker keine ordentlichen Wintervölker aufbauen können.

Schadwirkung

Die Asiatische Hornisse lebt von tierischem Eiweiß und versorgt damit ihre Brut. Sie fängt die Biene vor dem Flugloch und zerlegt sie, sodass sie nur das Bruststück, die eiweißreiche Brustmuskulatur, tragen muss. Sie füttert ihre Larven und ernährt sich von den Ausscheidungen der Brut.

Die Hornisse jagt oft in Gruppen. Sie schweben vor dem Flugloch der Völker, mit dem Rücken zu den Bienen, und erwarten fangbereit mit den Vorderbeinen die heimkehrenden Bienen. Die Stockbienen haben Angst vor den Hornissen und greifen diese deshalb nicht an. Sie verzichten aber großteils am Ausfliegen, da sie wissen, dass sie nicht mehr heimkommen.

Zum Unterschied jagt die Europäische Hornisse so, dass sie an den Fluglöchern vorbeifliegt und Bienen fängt. Die Anzahl der abgefangenen Bienen ist aber weitaus geringer, als bei der der Asiatischen Hornisse, weil auch nicht so viele Hornissen und diese nicht in Gruppen jagen.

Sind mehrere Nester in der Nähe von Bienenvölkern können einzelne Völker durch die Asiatische Hornisse vernichtet werden.

Zum Schutz der Großwespe bilden die Bienen Gruppen vor dem Flugloch, machen wellenförmige Bewegungen und stellen den Hinterleib auf, während die Hornisse vorbeifliegt.

Ein starkes Volk kann sich normalerweise erfolgreich wehren.

Bei starker Belästigung durch die Hornissen kommt es durch die reduzierten Sammelflüge zu Ertragseinbußen.

Im Herbst gehen die Bestände zurück und es bleiben die zuletzt produzierten Königinnen übrig.

Bekämpfung

Bei der Bekämpfung der *Vespa velutina* ist oberste Vorsicht geboten. Es wäre nicht angebracht, hier Cowboy zu spielen, um die Nester herunterzuschießen. Bei solchen Aktionen, Nester zu entfernen, sind schon einige Menschen zu Tode gestochen worden. Es wurden dafür spezielle Bieneninspektoren in Frankreich, Schweiz und Deutschland für die Bekämpfung ausgebildet. In Frankreich wurde die Feuerwehr am Anfang ausgebildet und auch für ihre Einsätze entschädigt, um die Nester zu entfernen. Mittlerweile gibt es keine staatliche Unterstützung mehr und die Hornisse hat sich in ganz Frankreich verbreitet.

- Rechtzeitiges Erkennen und Bekämpfen der Nester
- Aufstellen von Saftflaschen wie bei der Wespenbekämpfung

Der Totenkopfschwärmer, ein harmloser Honigdieb. Er besucht die Bienenvölker und saugt Honig, bis er zu dick ist, um wieder aus dem Flugloch zu kommen. Dann wird er von den Bienen zerlegt.

GESETZLICHE BESTIMMUNGEN IM ZUSAMMENHANG MIT BIENENGESUNDHEIT

IN ÖSTERREICH, DEUTSCHLAND UND DER SCHWEIZ

AUFZEICHNUNGSPFLICHT FÜR DIE VERWENDUNG VON TIERARZNEIMITTEL IN ÖSTERREICH

- Der behandelnde Tierarzt ist verpflichtet, die Behandlungen (jede Anwendung!!) noch am Tage der Behandlung in das Bestandsregister einzutragen! (§ 12 (1) RückstK-V) / (§ 8 TAKG)]
- Verpflichtung zur Dokumentation (gemäß Rückstandskontrollverordnung [RückstK-V] (§ 12 (1); Tierarzneimittelkontrollgesetz [TAKG] (§ 8 TAKG)] . Der Imker ist verpflichtet, die Behandlungen noch am Tage der Behandlung ins Bestandsregister, in die Stockkarte oder in ein Behandlungsbuch einzutragen – sofern dies nicht bereits durch den Tierarzt erfolgt ist.
- Wartezeiten müssen eingehalten und Aufzeichnungen fünf Jahre lang aufbewahrt werden. Aufzeichnungen müssen auf Verlangen zur Einsicht der Behörde oder den Kontrollorganen vorgelegt werden (§ 12 (2) RückstK-V).

Was ist aufzuzeichnen?

- Zeitpunkt der verordneten oder durchgeführten Behandlungen
- Art der verordneten oder durchgeführten Behandlungen (Bezeichnung des Tierarzneimittels, Menge des Tierarzneimittels, Art der Anwendung)
- Angaben zur Identität der behandelten Tiere, Anzahl der behandelten Bienenvölker, Beuten
- Kennzeichnung der Standorte (Völker müssen im VIS eingetragen sein)
- Wartezeit
- Name des Imkers (Anwender)
- Name des Tierarztes

ZUGELASSENE BIENEN-TIERARZNEIMITTEL, STAND: 1. JÄNNER 2019 (ÖSTERREICH)

Um zu erfahren, welche Behandlungsmittel im Moment zugelassen sind, wählt man sich im Arzneimittelspezialitätenregister des Bundesamtes für Sicherheit im Gesundheitswesen ein. Im Register wählt man die Zieltierart, drückt auf Suchen und schon erscheinen die Behandlungsmittel.

- AMO Varroxal (Ameisensäure, 85%ig)
- Apiguard© (Thymol)
- Apilive Var© (Thymol, Eukalypthol, Menthol, Kampfer)
- Thymovar© (Thymol)
- Dany's Bienenwohl© (Oxalsäure)
- Api Bioxal Pulver (Oxalsäure)
- Apitraz© (Amitraz) rezeptpflichtig
- Apivar© (Amitraz) rezeptpflichtig
- PolyVar© Yellow (Flumethrin) rezeptpflichtig
- Oxuvar©, 5,7%ig (Oxalsäure)
- VarroMed© (Ameisensäure und Oxalsäure)

EINTRAGUNGSPFLICHT INS VIS (ÖSTERREICH)

Für die Imkerschaft ist es mittlerweile in Österreich Pflicht geworden, sich zu registrieren.

Imker müssen sich im so genannten Veterinärinformationssystem (VIS) mit Namen, Adresse, Betriebsstandort, Standort der Bienenvölker (diese werden in einer Karte markiert) eintragen. Die Bienenstände müssen mit der VIS-Nummer dauerhaft gekennzeichnet werden. Der Sinn dieser Registrierung ist es, dass im Falle des Auftretens einer Seuche, z. B. der Amerikanischen Faulbrut, schnell reagiert werden und der Amtstierarzt auf das VIS zugreifen und einen Sperrradius ziehen kann. Sofort sieht er dann die Bienenstände, die in den Sperrkreis fallen, und kann die Imker sofort kontaktieren.

KURZER AUSZUG ZUR RECHTLICHEN SITUATION IN DEUTSCHLAND, STAND: 1. JÄNNER 2019

Anzuwenden ist die Bienenseuchen-Verordnung vom 3. November 2004 in der jeweils geltenden Fassung.

Durch die Bienenseuchen-Verordnung wird man unter anderem verpflichtet (§ 1a), spätestens beim Beginn die imkerliche Tätigkeit der zuständigen Behörde unter Angabe der Anzahl der Bienenvölker und ihres Standortes anzuzeigen. Die Behörde erfasst die angezeigten Bienenhaltungen unter Erteilung einer Registernummer und legt hierüber ein Register an.

Informationen zu den einzelnen anzeigepflichtigen Tierseuchen sind auf der Homepage des Friedrich-Loeffler-Instituts (www.fli.de) zu finden, welches auch gleichzeitig Nationales Referenzlabor für die anzeigepflichtigen Bienenseuchen ist.

In der Tierhalter-Arzneimittelanwendungs- und Nachweisverordnung vom 17. Juli 2015 wird jeder Halter von Tieren, die der Gewinnung von Lebensmitteln dienen (somit auch Imker), zur umfangreichen Dokumentation von Erwerb und Einsatz von apothekenpflichtigen Tierarzneimitteln verpflichtet. Diese Dokumentation ist fünf Jahre lang aufzubewahren.

Auch die Bestimmungen der Tierischen Lebensmittelhygieneverordnung, die unter anderem auch Dokumentations- und Aufbewahrungsvorschriften über die Verwendung von Tierarzneimitteln beinhalten, müssen Honigproduzenten einhalten.

ZUGELASSENE TIERARZNEIMITTEL FÜR BIENEN IN DEUTSCHLAND (STAND: DIMDI, VETIDATA 2018)

- Ameisensäure ad us. vet. 60 %
- Formivar® 60 % ad us. vet.
- MAQS® Ameisensäure 68,2 g, imprägnierter Streifen für den Bienenstock für Honigbienen
- Milchsäure 15 % ad us. vet.
- Oxalsäuredihydrat-Lösung 3,55 (m/V) ad us. vet.
- Oxuvar® Oxalsäuredihydrat-Lösung 3,5 % (m/V) ad us. vet.
- Oxuvar® 5,7 % 41,0 mg/ml, Konzentrat zur Herstellung einer Lösung für Honigbienen
- Oxybee® / Dany's Bienenwohl®, Pulver und Lösung zur Herstellung einer Dispersion (39,4 mg/ml) zur Anwendung im Bienenstock für Honigbienen
- VarroMed® 5 mg/ml + 44 mg/ml Dispersion zur Anwendung in Bienenvölkern von Honigbienen
- Bayvarol® 6,61 g/Strip für Honigbienen
- PolyVar® Yellow 275 mg, imprägnierter Streifen für den Bienenstock
- Apitraz® 500 mg, imprägnierter Streifen für den Bienenstock
- Apivar® 500 mg, mit Amitraz imprägnierter Streifen für den Bienenstock für Honigbienen
- Apiguard® 25 %, Gel zur Anwendung im Bienenstock
- Thymovar® 15 g, Streifen für den Bienenstock
- Apilife Var®, Imprägnierte Streifen für den Bienenstock

AUSZUG ZUR RECHTLICHEN SITUATION IN DER DEUTSCHSCHWEIZ

Die wichtigsten Bestimmungen für Imker stammen aus dem Tierseuchengesetz (TSG) und der Tierseuchenverordnung (TSV).

Laut Art. 11 (TSG) müssen Imker dafür sorgen, dass Bienen keiner Gefährdung durch Tierseuchen ausgesetzt werden. Sie sind somit verpflichtet, den Ausbruch von Seuchen und seuchenverdächtigen Erscheinungen unverzüglich dem Bieneninspektor zu melden.

Laut Art. 19a (TSV) sind Bienenstände mit der kantonalen Identifikationsnummer zu kennzeichnen. Bevor Bienen (Ausnahme: Begattungseinheiten auf Belegstationen) in einen anderen Inspektionskreis verbracht werden, muss der Imker dies dem Bieneninspektor des alten sowie des neuen Standorts melden.

Laut Art. 18a (TSV) müssen die Kantone alle besetzten und unbesetzten Bienenstände erfassen. Deswegen hat der Imker der zuständigen kantonalen Stelle innerhalb von 10 Arbeitstagen eine Bienenhaltung sowie deren Auflösung zu melden. Die kantonale Stelle teilt jedem Imker und jedem Bienenstand eine Identifikationsnummer zu.

Laut Art. 20 TSV muss jeder Imker eine Bestandeskontrolle führen: Hier müssen alle Zu- und Abgänge sowie auch die Standorte und Verstelldaten der Bienenvölker eingetragen sein. Diese Aufzeichnungen sind drei Jahre aufzubewahren.

Laut Art. 61 TSV sind Bienenseuchen oder der Verdacht auf solche dem Bieneninspektor zu melden.

Weitere Informationen gibt es auf der Homepage der BienenSchweiz – Imkerverband der deutschen und rätoromanischen Schweiz (ehemals VDRB) http://www.bienen.ch.

IMKERGESUNDHEIT

Wenn wir uns schon so intensiv mit der Gesundheit der Honigbienen beschäftigen, ist es irgendwie naheliegend, sich in einem Kapitel auch mit der Gesundheit der Imker zu befassen.

UNFALLGEFAHR

Hier denkt man vielleicht gleich an die Gefahren beim Schwarmfang, wenn man versucht, auf 12 m Höhe einen Schwarm am letzten Spitz eines Astes einzufangen, oder Ähnliches. Diese kann man reduzieren, wenn man die Schwarmvorsorge intensiviert oder Hilfsmittel verwendet, die eine riskante Kletterpartie gar nicht notwendig machen, wie z. B. ein Schwarmfangrohr (zusammengesteckte Abwasserrohre aus dem Baumarkt mit Trichteröffnung auf der einen Seite und übergezogenem Damenstrumpf zum schonenden Bienenauffangen auf der anderen).

Eine gewissen sportlichen Trainingsstand aufrecht zu halten, ist nicht nur in Bezug auf den Rücken notwendig, sondern auch in Hinblick auf die Umknickgefahr im unebenen Gelände von Vorteil. Selbst bei der Honigernte kommt es immer wieder z. B. durch gedankenloses Ablegen von Honiggabeln oder durch ebensolches Hineingreifen in die noch laufende Schleuder zu Unfällen,

Schwarmernte: Auch mit einer offenen Brutwabe auf einer Teleskopstange kann man die Unfallgefahr durch den Schwarmfang deutlich reduzieren.

die durch mehr Achtsamkeit vermeidbar erscheinen. Die Holzbearbeitung von Imkern, die selbst Beuten, Rähmchen oder andere Teile für die Imkerei herstellen, stellt auch eine erhebliche Unfallquelle dar. Hier ist es besonders wichtig, die verwendeten Geräte in betriebssicherem Zustand zu halten (z. B. scharfes Kreissägeblatt nicht verharzt, rissfrei, unbeschädigte Zähne, mit ordnungsgemäßem Spaltkeil und Schutzhaube) und eine Persönliche Schutzausrüstung (Gehörschutz und Schutzbrille) zu tragen.

RÜCKENPROBLEME

Wenn man viele Völker betreut, dann bekommt man auch die Idee, dass die Imkerei eigentlich ein ständiges Kistenschleppen in vielen ergonomisch ungünstigen Stellungen ist. Bandscheiben-, Rücken- oder Verspannungsprobleme sind eine häufige Folge. Gegen Rückenprobleme hilft meist die Vorbeugung mit Rückentraining, Wirbelsäulengymnastik, Entspannungsübungen und eventuell eine Ergotherapieschulung über bandscheibenschonende Hebe- und Tragetechniken am besten.

So wie man sich auf eine intensive Skiwoche schon mit Skigymnastik vorbereiten sollte, kann man sich auf die Schleudersaison auch mit einem entsprechenden, am besten auf die individuellen Bedürfnisse zugeschnittenen Rückentraining vorbereiten. Größere Imkereien können die Belastungen auch mit Kränen am Anhänger, auf der Fahrzeugladefläche oder im Schleuderraum, mit mobilen Kränen und Hebehilfsmitteln, wie z. B. Apilift oder Ähnlichem, reduzieren.

VON TIEREN ÜBERTRAGENE KRANKHEITEN

Hier denkt man vermutlich gleich an Borreliose und an FSME, also durch Zeckenbiss übertragene Krankheiten. Am besten schützt man sich durch das Hineinstecken der Hosenbeine in die Socken und durch hellere Kleidung, sodass man die kleinen Plagegeister leichter entdeckt. Man kann natürlich auch die Bienenstände immer möglichst mäusefrei halten und das Gras kurz mähen, um die Zeckenbefallswahrscheinlichkeit zu reduzieren. Jedenfalls sollte man während der Zeckensaison jeden Abend seine Hautoberfläche vor dem Spiegel gründlich auf die kleinen Blutsauger absuchen und diese im Bedarfsfall natürlich auch gleich mit einer Zeckenzange oder Ähnlichem entfernen.

In vielen Gegenden übertragen die Rötelmäuse den gefürchteten Hantavirus, der auch zu lebenslangen Gesundheitsbeeinträchtigungen oder zum Tod führen kann. Hier sollte man speziell in selten verwendeten Gebäuden, wie auch Bienenhütten, aufpassen, falls Mäuse darin gewohnt haben, den Staub nicht direkt einzuatmen. Auch eine zumindest FFP2 zertifizierte Staubmaske hilft, falls man dem Staub nicht entkommen kann. Sie bietet Schutz vor festen und flüssigen gesundheitsschädlichen Stäuben, Rauch und Aerosolen.

WAS KÖNNTE MAN VERSUCHEN, UM DIE GEFAHR EINER BIENENGIFTALLERGIE ZU MINIMIEREN?

Auf eine gute körperliche Fitness achten, was auch schon beim Kistenschleppen gegen die Rückenbeschwerden hilft. Bevor man zu den Bienen geht, immer genug trinken, Alkohol, Nikotin etc. eher meiden. Prinzipiell wäre es für das Immunsystem einfacher, wenn man das ganze Jahr über mit kleinen oder kleinsten Dosen des Allergens in Kontakt bleibt. Im Frühling die ersten Stiche nach Monaten schwellen meist auch etwas mehr an als die Stiche im Jahresdurchschnitt.

CHEMIKALIEN IN DER IMKEREI

Es besteht eine gewisse Gesundheitsgefahr z. B. durch Varroabehandlungsmittel oder Desinfektionsmittel etc., deswegen sollte man eine Persönliche Schutzausrüstung (PSA) verwenden und einen sorgsamen Umgang mit den Chemikalien einhalten.

Waben- oder Völkerabschwefeln

Propolis, Wachs und dünnes Rähmchenholz brennen recht gut, daher die Schwefelstreifen nur in metallischen Gefäßen (Wabenschwefler) mit ausreichenden Abständen anzünden. Eine Leerzarge aufzusetzen, hilft auch für die bessere Verteilung der Dämpfe. Immer ausreichend Abstand zu eventuell austretenden Dämpfen halten oder eine passende Atemschutzmaske verwenden. Schwefeln hilft aber nicht gegen Wachsmotteneier und sollte daher bei Temperaturen über 10 °C regelmäßig wiederholt werden! Waben in Wohnhäusern zu schwefeln, auch wenn es im Keller stattfindet, ist generell abzulehnen, weil die Dämpfe durch die Zugluft in den Wohnbereich kommen können.

Umgang mit Säuren und Laugen

Immer sauberes Wasser griffbereit haben! In Abhängigkeit von der geplanten Arbeit entsprechende Persönliche Schutzausrüstung verwenden und speziell die Augen mit einer Schutzbrille schützen, die auch seitlich geschlossen ist! Die Schutzausrüstung laufend auf ihre Funktion testen, wie z. B. die Handschuhe aufblasen und auf Löcher (austretende Luft unter Druck) achten. Löcher in säurefesten Handschuhen sind besonders gefährlich, denn an der verschwitzten aufgeweichten Haut kann Säure

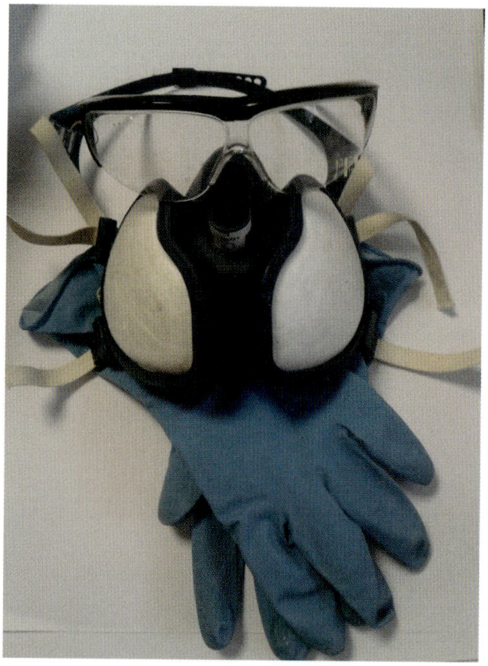

Ausrüstung für Ameisensäurebehandlung

Schaden anrichten, ohne dass man sofort viel merkt. Sobald ein Tropfen die Haut erreicht, sofort mit viel Wasser abwaschen!

INFO!

Chemikalien nur in spezielle Behältnisse mit korrekter Beschriftung füllen! Niemals Lebensmittelbehälter oder dergleichen verwenden und immer kindersicher und getrennt von Lebensmitteln lagern – Achtung Verwechslungsgefahr (versperrbarer Giftschrank)!

Für die Entsorgung die entsprechenden gesetzlichen Regelungen einhalten.

Verdünnung von Säuren oder Laugen

Immer die Säure oder die Lauge ins Wasser gießen, niemals umgekehrt.

INFO!

Zuerst das Wasser, dann die Säure, sonst passiert das Ungeheure!

Bei manchen Säuren würde nämlich Folgendes passieren: Sobald die ersten Wassertropfen mit der Säure in Kontakt treten, würden diese sofort verdampfen und diese Säuretropfen könnten sprichwörtlich ins Auge gehen. Bei Unsicherheit besser von einem Fachmann (z. B. Apotheke) die Verdünnung ansetzen lassen.

Ätznatron anrühren

Beim Ansetzen das Pulver immer zuerst in kaltes Wasser einrühren, denn sobald es mit dem Wasser in Kontakt tritt, wird Wärme frei. Am besten nur in Gummistiefeln mit Gummischürze, langen Chemiehandschuhen und Schutzbrille arbeiten. Mit langem Holzstab umrühren und dann erst erhitzen.

Varroabehandlung

Die rechtliche Situation, bezüglich zugelassener Tierarzneimittel zur Varroabehandlung, ist im entsprechenden Kapitel, siehe S. 149 f., nachzulesen.

Ameisensäure

Ameisensäure ist eine farblose, ätzende und in Wasser lösliche Flüssigkeit, die einen stechend riechenden Geruch verströmt. Diese organische Säure kommt in der Natur häufig vor, z. B. in Brennesseln, im Bienengift, im Ameisengift, aber auch im Honig. Ameisensäure wird auch zur Behandlung von Hautwarzen beim Menschen verwendet.

Verwendung der Ameisensäure

60–85%ige Ameisensäure – in einem Bienenstock verdunstet – hat sich als wirksames Varroabekämpfungsmittel bewährt. Hochprozentige Ameisensäure kann man in der Imkerei auch zur Konservierung von Waben aus gesunden Völkern, sprich zum Schutz gegen Wachsmotten und zur leichten, oberflächlichen Desinfektion, verwenden. 80 ml 85%ige Ameisensäure pro 100 Liter Rauminhalt sollte in Zeiten von Temperaturen von mehr als 10 °C nach Bedarf verdunstet werden. Wabenmaterial, das Kotspritzer aufweist oder das aus Völkern mit einem infektiösen Krankheitsbefall stammt, ist jedenfalls bienensicher einzuschmelzen oder dauerhaft bienensicher zu entsorgen. Das Wabenmaterial unbedingt ein paar Tage vor der Wiederverwendung im Bienenstock ordentlich auslüften lassen.

Beim Umgang mit konzentrierter Ameisensäure sollte man eine Persönliche Schutzausrüstung (Sicherheitsschutzbrille, säurebeständige Schutzhandschuhe, bei längerem Hantieren mit Ameisensäure in geschlossenen Räumen Atemschutzmaske mit Gasfilter E, Kennfarbe gelb, anlegen und

Schutzanzug oder Schürze verwenden) tragen und jederzeit Wasser griffbereit haben, um etwaige Säurespritzer sofort verdünnen und wegspülen zu können. Generell kann man sagen, dass die Ameisensäure reizende und ätzende Wirkung auf Haut, Augen und Atemwege hat. Jedenfalls sollten die Augen zu jeder Zeit geschützt sein, weil sie auf Verätzung am empfindlichsten reagieren. Handschuhe sollten regelmäßig auf Löcher untersucht werden. Sobald man irgendwo auch nur ein leichtes Brennen verspürt, das von einem Säuretropfen kommen könnte, möglichst schnell mit viel Wasser spülen. Niemals direkt in eine Flasche mit konzentrierter Ameisensäure riechen, Verätzungen der Nasenschleimhäute könnten die Folge sein. Auch bei Normaltemperatur wird langsam Kohlenmonoxid abgespalten und dadurch können ungeeignete, komplett geschlossene Gefäße auch zerspringen. Daher nur in den Originalgebinden möglichst kühl lagern und erst bei der Verwendung in die entsprechenden Applikatoren umfüllen. Die Dämpfe der Ameisensäure sind brennbar und können im Extremfall auch explodieren. Daher nur in mit entsprechendem Luftraum ausgestatteten Räumlichkeiten oder im Freien verdunsten lassen und Erwärmungen über 40 °C unbedingt vermeiden.

Das Befüllen von Ameisensäure-Verdunstern sollte man auch nicht über dem offenen Bienenstock durchführen, denn dann können schnell einige Tropfen Säure ins Volk gelangen und in der folgenden Panik kann auch die Königin zu Schaden kommen.

Falls man Schwammtücher als Verdunstungsfläche verwendet, hat man vielleicht das Problem, dass ein komplett trockenes, gebrauchtes Schwammtuch die Ameisensäure nur widerwillig aufnehmen will. Das führt dazu, dass die Säure abperlt oder wegspritzt und damit die Dosiergenauigkeit abnimmt und die Verätzungsgefahr für den Imker oder die Umgebung erhöht wird. Hier kann man mit einer leichten Erhöhung des Wassergehaltes des Schwammtuches, z. B. durch leichtes Besprühen mit Wasser, die Aufnahmefähigkeit für die Säure erhöhen. Aber nicht übertreiben, denn sonst wird die Säure verdünnt und die Wirkung wird unkontrolliert nachlassen.

Essigsäure

Essigsäure ist auch eine farblose, ätzende Flüssigkeit. Sie kann, wie die Ameisensäure, in konzentrierter Form zur Wabenkonservierung, zur leichten Desinfektion und zum Schutz gegen Wachsmotten in der Imkerei verwendet werden. Für den Imker gelten auch die gleichen Anwenderschutzempfehlungen wie bei der Ameisensäure. Das Wabenmaterial auch unbedingt ein paar Tage vor der Wiederverwendung im Bienenstock ordentlich auslüften lassen.

Oxalsäure

Oxalsäure ist ein weißes geruchloses Kristallpulver, das in Wasser sehr gut löslich ist. In der Imkerei wird normalerweise Oxalsäuredihydrat in ca. 3,5%ige Zuckerwasserlösung zum Träufeln und als 3%ige Wasserlösung zum Sprühen oder in kristalliner Form zum Verdampfen verwendet. Die Oxalsäure ist ein sehr wirksames Mittel zur brutfreien Varroabehandlung. Oxalsäure kann aber auch zum Reinigen oder Aufhellen von verfärbtem (z. B. durch Eisenoxid) Bienenwachs oder zum Verhindern der Zankschicht (verseifte Schicht an der Unterseite des Wachsblockes) beim Wachsauskochen mit kalkreichem Wasser verwendet werden.

Oxalsäure in Nahrung

Oxalsäure kommt in der Natur auch in Nahrungsmitteln sehr häufig vor und auch in

Dosen von mehr als 5 g pro Kilo. Beispiele für hohen Oxalsäuregehalt sind: Spinat, Sauerampfer, Amarant, Schnittlauch, Petersilie, Rote Rüben, Rhabarber, Schwarztee und Schokolade. Honig weist auch einen natürlichen Oxalsäuregehalt von bis zu 400 mg pro kg auf, daher wird die Säure – speziell in verdampfter Form – auch relativ gut von den Bienen vertragen.

Umgang mit Oxalsäure

Hier gibt es zuerst einmal die – in ihren Auswirkungen noch recht überschaubare Gefahr – der Hautreizung durch kristalline Oxalsäure. Keinesfalls sollten diese Kristalle aber verschluckt werden, denn bereits wenige Gramm können für den Menschen tödlich sein! Die Giftwirkung beruht stark auf einer Störung des Kalziumhaushaltes im menschlichen Körper. Insbesondere eine Schädigung der Nieren durch Bildung von Kalziumoxalat-Steinen kann auch eine Folge sein. Das Kalziumoxalat selbst ist im Körper ungiftig und kann mit viel Wasser wieder ausgespült werden.

Daher sollte auch hier wieder eine Persönliche Schutzausrüstung (zumindest Handschuhe, Schutzbrille, beim Verdampfen Atemschutzmaske mit FFP2) verwendet werden und der Hautkontakt bzw. das Einatmen von Oxalsäurepartikeln möglichst vermieden werden. Die größten Bedenken bezüglich Gefährlichkeit herrscht bei der Anwendung mittels Verdampfen der Oxalsäuredihydrat-Kristalle.

Es gibt eine Dissertation[xliv], die die Gesundheitsgefährdung beim Verdampfen der Oxalsäure zur Varroabekämpfung untersucht hat. Sie kommt zum Schluss, dass die Grenzwerte, die eine Gesundheitsgefährdung noch ausschließen (Maximale-Arbeitsplatz-Konzentration) würden, bei den Tests nicht einmal zur Hälfte erreicht wurden. Insbesondere bei Freiaufstellung der Bienenvölker (nicht im Bienenhaus) und der aktiven Vermeidung der sichtbaren Oxalsäuredämpfe ist eine Gesundheitsgefährdung unwahrscheinlich.

Zusätzliche Maßnahmen bei der Verwendung von Oxalsäure

In Zeiten, in denen man mit Oxalsäure zu tun hat, ist es ratsam:

- Nahrungsmittel mit hohem Oxalsäurewert zu vermeiden,
- kalziumreiche Nahrungsmittel vermehrt zu essen und
- immer genug Wasser zu trinken.

INSEKTENSTERBEN UND DIE VARROAMILBE?

Obwohl anzunehmen ist, dass die Menschheit für die Erforschung der Honigbiene und ihrer Krankheiten bereits viel mehr Geld ausgegeben hat als für irgendein anderes Insekt, steigt der Aufwand für Imker, um ihre Bienen gesund und produktiv zu halten, jedes Jahr. Man könnte jetzt vermuten, dass sich die Varroamilbe in den letzten 30 Jahren so stark verändert hat, dass sie zu einem gnadenlosen Vernichter unserer Bienen geworden ist, aber wenn man sich die Entwicklungen bei anderen Insekten und die globalen Entwicklungen der letzten Jahrzehnte anschaut, könnte man auch zu einem anderen Schluss kommen.

VARROA-SCHADGRENZE – VERLAUF DER LETZTEN 30 JAHRE

Die Veränderung der Schadgrenze, das heißt der Grenze, bei der ein Bienenvolk Schaden durch die Parasitierung mit der Varroamilbe nimmt, wird hier anhand der Anzahl des natürlichen Milbenabfalls seit Einführung der Varroamilbe in Mitteleuropa gezeigt:

Jahrzehnt	Sommerabfall mit Brut	Winterabfall, brutlos	
1990er-Jahre	‹ 100	‹ 10	Milben/Tag
2000er-Jahre	‹ 30	‹ 2	Milben/Tag
Ab 2010er-Jahre	‹ 10	‹ 0,5	Milben/Tag

SITUATION DES URSPRUNGSWIRTES UNSERER VARROAMILBE (KOREA UND NACHBARLAND CHINA)

Die Bestände der Asiatischen Honigbiene in Südkorea sind stark zurückgegangen – man spricht von Rückgängen um 95 %[xlv].

Die Bienenart, die weltweit am allerbesten mit der Varroamilbe zurechtkommt, wird ausgerechnet von unserer Europäischen Honigbiene, die so sehr unter der Milbe leidet, ersetzt – klingt irgendwie nach Ironie.

Die Hinweise auf mögliche Gründe für den Rückgang der Bestände der Asiatischen Honigbiene klingen recht vertraut:[xlvi]

- wegen des exzessiven Pestizidgebrauches,
- wegen des Rückgangs der Pflanzenvielfalt,
- wegen des Habitatsverlustes (Lebensraumverlust),
- wegen des Wettbewerbs mit neuen Arten (die Europäische Honigbienen gibt es offiziell seit 1893 in China)
- wegen artübergreifenden Parasiten- und Krankheitserregeraustauschs.

Eine im Rahmen einer wissenschaftlichen Studie[xlvii] in den Jahren von 2010 bis 2014 durchgeführte Umfrage unter gut informierten Bienentagungsteilnehmern in China ergab, dass 261 von 937 Imkern, also 28 %, ihre Völker der Asiatischen Honigbiene gegen die Varroamilbe behandeln. Das klingt jetzt seltsam, weil gerade unsere *Varroa destructor* (ursprünglicher Name: koreanischer Haplotyp) sich auch mit diesen chinesischen Honigbienen in Jahrmillionen gemeinsam evolutionär entwickelt hat.

Varroabehandlungen werden durchgeführt – obwohl sie eigentlich nicht notwendig wären, weil die Bienen gegen die Varroa resistent sind, wie passt das zusammen? Außerdem kosten diese Behandlungen Zeit und Geld und führen zu kontaminierten Bienenprodukten.

DIE VERÄNDERUNGEN DER LETZTEN 30 JAHRE AUF DER ERDE ...

... anhand von wissenschaftlichen Studien aus etwas größerer Perspektive betrachtet:

In den letzten Jahrzehnten hat das Bevölkerungswachstum auf der Erde dazu geführt, dass es sehr viele Menschen sowie Rinder, Schafe und Ziegen für die Nahrungsmittelerzeugung gibt.[xlviii]

Die Weltbevölkerung wächst, die Weltmitteltemperatur steigt und die Bestände der Wirbeltierarten reduzieren sich dramatisch (um ca. 60 % seit dem Jahr 1970).

Die Anzahl der Hühner (Nutztiere) in Europa (1,9 Mrd.) ist größer als die Anzahl der häufigsten Wildvogelarten (1,6 Mrd.) zusammen. Man geht davon aus, dass es in der ganzen Erdgeschichte niemals eine so große Anzahl von Vögeln einer einzelnen Art gegeben hat (momentan 22,7 Mrd weltweit).[xlix]

GEWICHTSVERTEILUNG ALLES LEBENS AUF DER ERDE

Ein interessantes Detail alles Lebens auf der Erde ist ihre Gewichtsverteilung[l], global betrachtet, auf Basis der Kohlenstoffmasse. Diese Gewichtsverteilung der verschiedenen Lebewesen kann man graphisch darstellen, um einen Eindruck vom ganzen System Erde zu bekommen:

Wenn man Pflanzen, Bakterien, Pilze und Tiere anschaut – macht es eigentlich noch einen sehr ausgewogenen, nachhaltigen und gesunden Eindruck!

450 Gigatonnen Pflanzen, 70 Gigatonnen Bakterien, 12 Gigatonnen Pilze, 2 Gigatonnen Tiere (inkl. Menschen)

1 Gigatonnen Insekten, 0,7 Gigatonnen Fische, 0,1 Gigatonnen Nutztiere, 0,06 Gigatonnen Menschen, 0,007 Gigatonnen Wilde Säugetiere,

Die Gewichtsverteilung im Tierreich: Auf dem Land dominieren eindeutig die Insekten – obwohl das Einzelinsekt immer sehr klein und leicht ist.

Es ist beeindruckend, dass bereits 96 % der Säugetiermasse aus Nutztieren und Menschen besteht und wilde Säugetiere nur mehr 4 % ausmachen.

Es wird angenommen[li], dass es weltweit ca. 11.000.000 verschiedene Arten von Lebewesen gibt. Davon sind ungefähr 1.900.000 schon beschrieben und haben einen Namen. Im Jahr 2007 sind 18.516 neue Arten entdeckt und beschrieben worden, wovon die große Mehrheit (75 %) wirbellose Tiere waren.

Es gibt ca. 5.500 Säugetiere. Von den Insekten gibt es ca. 1.000.000 erfasste Arten und vermutlich um die 5.000.000 Arten insgesamt. Dann gibt es noch ca. 390.000 Pflanzenarten und ca. 1.500.000 Pilze sowie um die 1.000.000 Bakterienarten.

Von der Anzahl der Arten, die auf der Erde leben, sind wir ein Planet von Insekten. Von der Gewichtsverteilung im Tierreich ist auch die Biomasse der Insekten der größte Brocken.

INSEKTENBIOMASSE

Die speziell in wissenschaftlichen Kreisen weltweit sehr viel beachtete deutsche Studie besagt, dass es einen Rückgang der Insektenbiomasse von Fluginsekten – in Naturschutzgebieten – von 76 % in nur 27 Jahren gab (1989–2016). Wobei dieser Wert saisonal schwankte und im Hochsommer auf 82 % stieg.[lii]

Was hier sehr gut zum Ausdruck gebracht wird, ist, dass Naturschutzgebiete nicht unter einer Glasglocke stehen. Sie sind umgeben von Siedlungsgebieten und intensiver Landwirtschaft und sind durch Wind und Regen dem Stickstoff- und Schadstoffeintrag (auch Pestizide) ausgesetzt. Das Fehlen von sicheren Verbindungswegen zwischen den Naturschutzgebieten ist auch ein Problem.

Dieser Rückgang hat natürlich große Auswirkungen auf unser ökologisches Gleichgewicht, denn Insekten sind die Basis für viele Arten in der Nahrungspyramide. Gleichzeitig gibt es auch viele Raubinsekten, die sich von anderen Insekten ernähren und damit die ungezügelte Ausbreitung vieler Insektenplagen unter Kontrolle halten. Das natürliche Recycling von Nährstoffen im Nahrungskreislauf wird auch sehr stark von Insekten dominiert.

BEISPIEL: DER MONARCHFALTER

In den USA macht man sich große Sorgen um die ehemals riesigen Bestände des Monarchfalters, der berühmt ist, weil er wie ein Zugvogel zwischen seinen Überwinterungsplätzen in Mexico und im Sommer bis hinauf nach Kanada fliegt. Laut einer Studie hat der Bestand zwischen dem Winter 1996–1997 und dem Winter 2014–2015 um 84 % abgenommen und es besteht die große Gefahr, in ein paar Jahrzehnten auszusterben. In dieser Studie werden als Hauptursachen der Pestizideinsatz in der Landwirtschaft und die Klimaerwärmung angegeben.[liii]

Monarchfalter

Im Jahr 2002 habe ich ein Naturreservat (ca. 100 km nordwestlich von Mexiko-City) in Mexico besucht – eine mit Nadelbäumen bewachsene Hügellandschaft.

Offenbar füllen die Schmetterlinge ihre Fettspeicher für die lange Reise nach Norden bei einer üppigen Tautracht der Nadelbäume über den Winter auf. Die Nadelbäume biegen sich unter der Last der Schmetterlinge, leider erlaubte meine schlechte Digitalkamera damals keine druckbaren Bilder davon.

SCHMETTERLINGE IN GROSSBRITANNIEN

Eine britische Studie[liv] aus dem Jahr 2015 untersuchte die Entwicklung der häufigsten Schmetterlingsarten zwischen 2000 und 2009 im landwirtschaftlich genutzten Gebiet in Großbritannien und stellte einen Rückgang um 58 % fest.

Dies war mehrfach überraschend, weil sich einerseits die wärmeren Sommer durch die Klimaerwärmung eindeutig positiv auf Schmetterlinge auswirken und andererseits wurden die Ausgaben für die Förderung von schmetterlingsfreundlicher

Landschaftsgestaltung in dieser Zeit mehr als verdoppelt. Es konnte ein direkter Zusammenhang zwischen dem Rückgang der Anzahl der Schmetterlinge und der Ackerfläche mit dem Einsatz von Neonicotinoiden hergestellt werden.

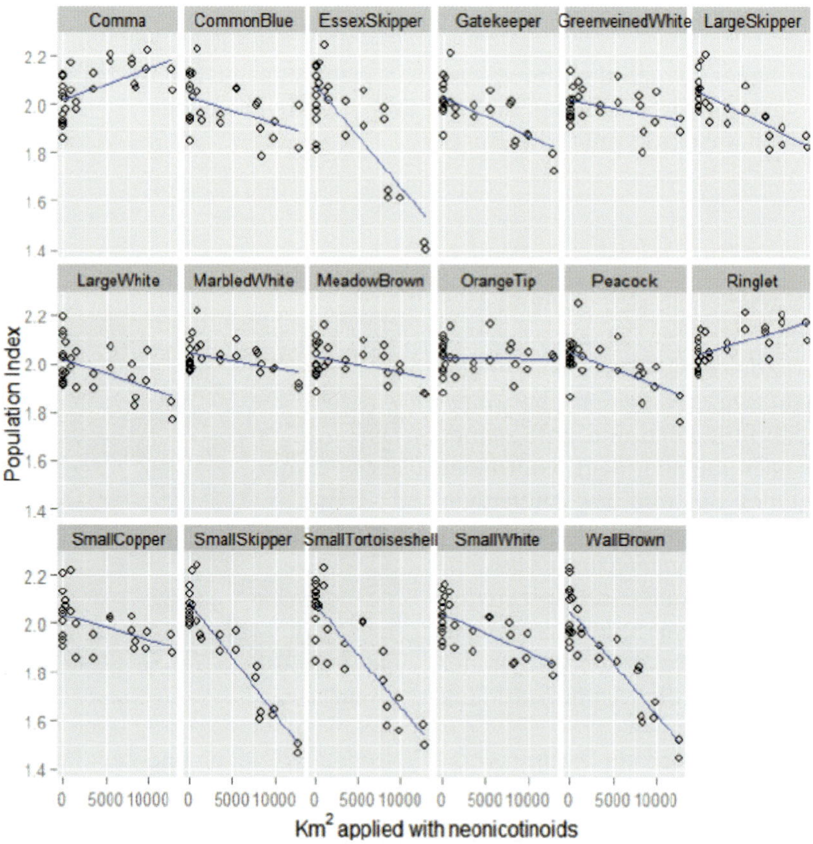

Schmetterlingsrückgang: Gilburn AS, Bunnefeld N, Wilson JM, Botham MS, Brereton TM, Fox R, Goulson D. 2015. Are neonicotinoid insecticides driving declines of widespread butterflies? PeerJ 3:e1402 https://doi.org/10.7717/peerj.1402

links: Kleiner Fuchs, oben: Kleiner Skipper

BIENENVERGIFTUNG
(THOMAS FANDL)

Bienenvergiftung

Rapsfeld

Kontaminiertes Bienenbrot kann den Tod für das Volk bedeuten.

Bienenvergiftungen und das Bienensterben werden in den letzten 20 Jahren in Politik und Öffentlichkeit häufig und sehr emotional diskutiert.

Im Jahr 2006 verschwanden in den USA die Bienen vieler Bienenvölker und lösten Ängste und Sorgen um die Bestäubung landwirtschaftlicher Nutzpflanzen aus. Spätestens seit dem Jahr 2008, als in Deutschland am Oberrhein Tausende Bienenvölker durch Beizstaub bei der Maisaussaat von Vergiftungen betroffen waren, kamen die Neonicotinoide noch stärker ins Visier der Öffentlichkeit. Dies hat vermutlich auch zum Verbot von bestimmten Neonicotinoidanwendungen in den letzten Jahren beigetragen.

GESCHICHTE DER BIENENVERGIFTUNGEN

Bereits die ersten menschlichen Hochkulturen benutzten chemische Stoffe als Insektizide in der Landwirtschaft. So wurde z. B. Arsen bereits bei den Griechen als Insektizid verwendet.

Löwenzahn und Rapsfeld zwischen den Obst- und Weinbauzeilen

- Aus den USA stammt die Geschichte einer der ersten Bienenvergiftungen durch landwirtschaftliche Pestizide aus den letzten Jahrhunderten. Kartoffelkäfer waren ein großes Problem und so wurde im Jahr 1867 sehr stolz berichtet, dass man mit der Erfindung einer pferdegezogenen Kartoffelkäfer-Zerdrück-Maschine[lv] einen Durchbruch erzielt hätte. Aus dem gleichen Jahr gibt es auch die Geschichte, dass ein Kartoffelbauer, nachdem er seine Fensterläden mit dem so genannten Paris Green (auch Kirchberger Grün, vom Österreicher Ignaz von Mitis entdeckt) gestrichen hatte, den Rest aus seinem Farbkübel auf mit Käfern befallene Pflanzen leerte. Dann beobachtete er, wie die Käfer daran starben. Im Jahr 1870 wurde bereits von Bienenvergiftungen im größeren Umfang durch die Verwendung des Wirkstoffes Paris Green (eine Arsenverbindung) bei der Bekämpfung der Kartoffelkäfer berichtet.
- Nach dem Ersten Weltkrieg nahm in Deutschland die Verwendung von Arsen und Blei als Pflanzenschutzmittel stetig zu. Seit 1930 gibt es in Deutschland dokumentierte Bienenvergiftungen, hauptsächlich durch Arsenstäube, die damals sehr häufig als Pflanzenschutzmittel verwendet wurden.
- Nach dem Zweiten Weltkrieg wurde die Anwendungshäufigkeit von Pestiziden stark erhöht.[lvi]
- Im Jahr 1967 sollen in den USA ca. 500.000 Bienenvölker durch Pestizide vergiftet oder geschädigt worden sein.
- Aus den USA wurde auch berichtet[lvii], dass bereits zwei Jahre nach der Einführung von DDT die ersten resistenten Insekten beobachtet wurden. Diese Resistenzen führten dazu, dass mehrere und höhere Dosen von Pestiziden notwendig wurden, um den Insektenschädlingen Einhalt zu gebieten.
- Zwischen 1960 und 2003 hat sich die Anzahl der Menschen auf diesem Planeten verdoppelt. Die Getreideernte pro Hektar hat sich in diesem Zeitraum auch verdoppelt und die Menge der eingesetzten Pestizide hat sich verfünfzehn- bis verzwanzigfacht (15–20).[lviii] Obwohl die Menge der eingesetzten Pestizide in den letzten 40 Jahren stark erhöht wurde, sind die Schäden an den Kulturen nicht signifikant gesunken.
- Im Jahr 2008 wurden Bienenschäden im deutschen Rheintal an ca. 12.000 Bienenstöcken durch Beizmittel bei der Maisaussaat verursacht.
- Im Jahr 2017 (laut Jahresbericht 2017[lix]) wurden vom deutschen Julius Kühn Institut, das zuständig für Bienenvergiftungen in Deutschland ist, in 15 Schadensfällen bei der chemischen Untersuchung bienentoxische Wirkstoffe im Bienenmaterial nachgewiesen. In 11 dieser Schadensfälle wurden im Bienenmaterial Insektizide nachgewiesen, die eindeutig aus Bioziden stammen und gezielt in die betroffenen Bienenvölker eingebracht wurden (Bienenfrevel).

Eingelagerter Pollen

Wie man hier sieht, gibt es eine große Diskrepanz zwischen dem Bild in der Öffentlichkeit und auch bei den Imkern von großen Pestizidproblemen in der Umwelt, unter denen die Bienen leiden, und den 15 Schadensfällen, die in Deutschland vom Julius Kühn Institut 2017 de facto festgestellt wurden.

Ein Grund mehr, sich mit dem Thema Bienensterben und dessen Geschichte auseinanderzusetzen.

WODURCH KÖNNEN BIENEN VERGIFTET WERDEN?

Bienen können durch die Aufnahme einer giftigen Substanz über ihren Rüssel (Wasser, Honig, Putzverhalten) oder über ihre Körperoberfläche (Behaarung, Füße, Pollenkörbchen) vergiftet werden.

Daraus kann entweder eine nichttödliche Wirkung, wie Leistungsminderung (sammelt weniger, produziert weniger Futtersaft, putzt schlechter, betreut die Brut schlechter etc.) oder eine erhöhte Krankheitsanfälligkeit (stirbt an normalerweise harmlosen Krankheiten) resultieren und/oder auch eine Lebensdauerverkürzung (im Extremfall stirbt sie sofort) eintreten.

Eine Einzelbiene ist in einem Bienenvolk unter 30.000 Stockschwestern jetzt nicht so besonders wichtig. Speziell während starker Trachten werden auch bis zu 2.000 Bienen jeden Tag geboren. Das heißt, selbst wenn sämtliche Flugbienen (ca. 10.000) eines Volkes sterben, heißt das noch nicht, dass das Volk auch stirbt. Wenn der Imker z. B. erst nach 10 Tagen wiederkommt und zwischenzeitlich 15.000 Bienen geschlüpft sind, wird er es mit hoher Wahrscheinlichkeit gar nicht oder nur durch schwächere Völker bemerken.

Wenn aber ein Volk schwächer wird, kann das auch sehr viele Vergiftungsursachen haben, z. B. durch:

- Überhitzten oder überlagerten Honig bzw. Futtersirup, wenn der HMF-Wert (Hydroxymethylfurfural) dadurch zu hoch geworden ist: Laut einer Studie[lx] aus dem Jahr 1975 führt eine HMF-Konzentration von 150 ppm (mg pro kg) in Invertiertem Zuckersirup zu einer Sterblichkeit von 50 % in 16 Tagen ab Beginn der Fütterung. Unter 30 ppm wurden keine Auswirkungen festgestellt, daher wird weniger als 20 ppm HMF in Futtersirup empfohlen. Wird ein Sirup zum Beispiel für einen Monat bei 40 °C gelagert, kann der HMF-Gehalt auf 70 ppm ansteigen.
- Überdosierung von Tierarzneimitteln (zu hohe Menge, zu schnelle Abfolge): besonders bei zu starker Verdunstung von Ameisensäure, wodurch Königinnen- und Brutverluste entstehen können. Mehrfaches Beträufeln derselben Bienen mit Oxalsäure führt auch zu einem erhöhten Totenfall und einer kurzen Lebensdauer.
- Ungeeignete Holzschutzmittel: Da Holzschädlinge auch Insekten sind, sollten Bienenmaterialien entweder keinen Holzschutz (innen verwenden die Bienen Propolis) oder nur spezielle Farbe für Bienenstöcke außen erhalten.
- Frevel: ist ein Wort für das absichtliche Schadenzufügen an Bienenstöcken. Z. B. wenn der Nachbar Insektenspray ins Flugloch sprüht, die Bienenstöcke umwirft oder Ähnliches ...

- Pflanzenschutzmittel (PSM): schützen Pflanzen z.B. vor Insekten. Da Bienen auch Insekten sind, werden auch sie dadurch geschädigt.
- Biozide: sind im nicht-landwirtschaftlichen Bereich eingesetzte Schädlingsbekämpfungsmittel, die z. B. Tiere oder Menschen vor Insekten schützen. Auch hier besteht die große Gefahr, dass Bienen Schäden davontragen.
- Umweltgifte (Arsen-, Blei-, Fluor-, Emissionen): Umweltgifte können auch Bienenvergiftungen auslösen.

Bienenvergiftung

WAS TUN BEI EINEM VERGIFTUNGSVERDACHT?

Falls man vermutet, dass die eigenen Bienen Opfer einer Vergiftung oder eines Bienenfrevels wurden, hat man mehrere Möglichkeiten, darauf zu reagieren:

Im günstigsten Fall besichtigt man die betroffenen Bienenstöcke mit einem möglichst sachverständigen Imkerkollegen, um seinen Verdacht eventuell bestätigt zu bekommen und auch um einen Zeugen zu haben, falls es sich um Fremdverschulden handeln sollte.

Man sollte auch seine Nachbarimker fragen, ob sie die gleichen Probleme haben, um die flächenmäßige Ausbreitung abschätzen zu können und eventuell andere Ursachen ausschließen zu können.

Weitere mögliche Ansprechpartner sind der Imkerverein, der Gesundheitswart, örtliche zuständige Untersuchungsstellen (AGES, JKI etc.) und auch eventuell die Polizei (bei einer Anzeige).

Man sollte sich je nach Situation, örtlicher Rechtslage und persönlicher Bereitschaft für eine Vorgangsweise entscheiden.

Bienenvergiftung: verbleibende Bienen verlassen Honigräume und ziehen sich auf den Brutraum zurück.

WAS SIND NEONICOTINOIDE (NEONICS)?

Es handelt sich hier um Stoffe, die den natürlich vorkommenden Nicotinen nachgebildet sind. Sie binden sich dauerhaft an den Nervenknoten von Insekten und stören dadurch die Reizweiterleitung (verhindern die normale Nervensystemfunktion).

Hauptsächlich werden Neonics als Saatgutbeizen verwendet, wobei zwischen 2 und 20 % des wasserlöslichen Wirkstoffes von der Pflanze aufgenommen werden und in dieser verbleiben.

Aufgrund ihres weltweit sehr häufigen Einsatzes und ihres teilweise sehr langsamen Abbauverhaltens kommt es zur Anreicherung mancher Neonics in der Umwelt. Bei Haus- und Nutztieren werden Neonics und ähnliche Substanzen gegen Parasitenbefall verwendet.

Neonics bei Mensch und Tier

Aufgrund des unterschiedlichen Aufbaus in Wirbeltieren, wie auch beim Menschen, binden sich hier die Neonics nur recht schwach bzw. auch nur kurz. Ein anderer Vorteil, den diese schwache Giftigkeit der Neonics gegenüber dem Menschen hat, kommt in Asien zum Vorschein.

Eine dort sehr weit verbreitete Art, Selbstmord zu begehen, ist das Trinken von Pestiziden. Um Vergiftungsopfern besser helfen zu können, wurden Wissenschaftler in Japan damit beauftragt, einen Nachweis für die acht gängigsten Neonics im Urin zu entwickeln.

Zum Schluss wurden 52 Urinproben von Japanern, die noch nie selbst mit der Anwendung oder Ausbringung von Neonics zu tun hatten, untersucht. Die Versuchspersonen haben die Neonics nur über ihre Nahrung, ihre Umgebung, über den Kontakt zu Haustieren etc. aufgenommen. Diese Werte spiegeln ungefähr auch die Verteilung der nach Japan importierten Neonics wieder:

- Thiamethoxam und Dinotefuran wurden in jeder Urinprobe gefunden.
- Clothianidin und Imidacloprid in 96 % der Proben.

Interessant waren auch die Maximalwerte:

- Ungefähr 8 ppb (= ng/g) Imidacloprid (zum Vergleich: 3,7 ng/Biene führen bei 50 % der Bienen nach 48 Stunden zum Tod),
- ungefähr 6 ppb Thiamethoxam,
- ungefähr 6 ppb Clothianidin und
- ungefähr 27 ppb Dinotefuran. (µg/l ist ungefähr µg/kg und das ist gleich ppb).[lxi]

Mit Blick auf die Gesundheitsauswirkungen auf den Menschen erscheinen die Neonics gut geeignet, um als Insektizide in der Landwirtschaft Verwendung zu finden. Sie sind wasserlöslich, reichern sich nicht im menschlichen Körper an und die akute Giftigkeit ist so klein, dass man es kaum schafft, damit Selbstmord zu begehen. Falls jemand tatsächlich einen Selbstmordversuch mit Neonics startet, kann man es auch nachweisen.

Auch bei Hund, Katze und Nutztieren werden Neonics systemisch verwendet und dementsprechend hohe Werte im Urin wieder ausgeschieden und in der Umwelt verteilt.

Geschichte der Neonics

Imidacloprid war das erste, Anfang der 1990er-Jahre auf den Markt gebrachte Mittel. Es wird häufig als Beizmittel verwendet.

Aufgrund zahlreicher Berichte über Bienenschäden aus Frankreich während der Maisaussaat schon Ende der 1990er-Jahre kam auch die Vermutung auf, dass es sich um Bienenvergiftungen handeln könnte.

Im Jahr 2000 gab es auch Berichte über große Bienenverluste während der Maisaussaat in Friaul (Italien).

Im Jahr 2003 erschien dann eine italienische Studie[lxii] der Universität Udine über das potentielle Risiko der Umweltvergiftung durch Beizmittel bei der Maisaussaat, die vom Abrieb in der Sämaschine stammen und durch Druckluft in die Umgebung geblasen werden.

Oberrhein 2008

Ende April 2008 wurden Bienenschäden im deutschen Rheintal gemeldet.

Nachforschungen ergaben, dass die Bienenschäden vor allem zeitlich und örtlich parallel zur Maisausaat auftraten. Dies war ein erster Hinweis auf eine mögliche Schädigung der Bienen durch das Beizmittel Clothianidin (Poncho Pro 125 g Wirkstoff/ha, Poncho 50 g/ha).

Aber spätestens in der ersten Maiwoche war eine großflächige Vergiftung sehr wahrscheinlich, also starteten Untersuchungen von Bienen, Waben sowie pflanzlichem Material und Honig auf bienentoxische Pflanzenschutzmittelwirkstoffe.

Gefunden wurden drei potentielle Verursacher, nämlich Clothianidin, Methiocarb (Beizmittel) sowie Thiacloprid (Pflanzenschutzmittel für Raps und Obst), von denen sich schließlich Clothianidin als Verursacher des Bienensterbens herauskristallisierte.

Aus dem Abschlussbericht „Beizung und Bienenschäden“ vom 17. Dezember 2008 des Ministeriums für Ernährung und Ländlichen Raum geht schließlich hervor, dass über 700 Imker mit ca. 12.000 Bienenvölkern von Bienenschäden in der Oberrheinebene betroffen waren, obwohl nur in zwei Bienenproben Clothianidingehalte oberhalb des LD50-Wertes festgestellt wurden.

Man fragt sich, warum bei so einer großflächigen, folgenreichen Massenvergiftung nur bei zwei Bienenproben diese Vergiftung auch tatsächlich nachgewiesen werden konnte?

Neonic-Nachweis in vergifteten Bienen?

Eine deutsche Studie[lxiii] aus dem Jahr 2017 versucht, darauf eine Antwort zu geben. In einem Versuch wird Honigbienen 41 ng Imidacloprid einmalig eingeflößt. Dies entspricht dem 11-Fachen der Dosis, die für mehr als 50 % der Bienen innerhalb von 48 Stunden zum Tod führt (LD50/48 h 3,7 ng/Biene laut EFSA-Wert). Nach 1 Stunde wurden diese Bienen eingefroren. Danach konnte nur mehr ca. ein Drittel des verfütterten Imidacloprids (ca. 15 ng) in diesen Bienen im Labor nachgewiesen werden.

Was passiert mit Neonics im Bienenkörper?

Warum kann man nach einer Stunde nur mehr ein Drittel des Giftes in der Biene nachweisen?

Imidacloprid-Moleküle binden sich sehr stark an die Nikotin-Acetylcholin-Rezeptoren des Nervensystems und blockieren diese dadurch. Die Bindung des Imidacloprids an die Nervenzelle ist recht permanent[lxiv]. Das führt dazu, dass sich wiederholte kleine Gaben von Imidacloprid, die häufig in unserer Umgebung zu finden sind, aufsummieren und zum Bienenschaden bzw. Bienentod auch schon bei einem Bruchteil der Grenzwerte führen können. Gleichzeitig arbeiten aber auch die Entgiftungsenzyme in Abhängigkeit vom Zustand der Honigbiene und bauen das noch vorhandene Gift teilweise wieder ab.

Bei den Versuchen zur beschriebenen deutschen Studie kam es auch zu einer sehr interessanten Anomalie: Die Bienen die eine 3,7 ng/Biene Dosis Imidacloprid bekommen haben, waren schneller tot als die Bienen mit einer 41 ng/Biene Dosis.

Solche nichtlinearen Dosis-Wirkungs-Beziehungen wurden schon öfter beobachtet.

Hier kommt noch dazu, dass die Todesfeststellung bei Bienen aufgrund des fehlenden Pulses bzw. Atems gar nicht so einfach ist.

Neonics-Vergiftungsnachweis in der Praxis

Wenn man als Imker bei seinen Bienenstöcken von einer Neonic-Vergiftung betroffen ist, ist die Nachweisbarkeit recht eingeschränkt. Sogar beim ältesten, weltweit vermutlich am häufigsten verwendeten Neonic (Imidacloprid) kann man diese Vergiftung in einem Labor an den toten Bienen eigentlich kaum bestätigt bekommen. Und man musste bis zum Jahr 2017 warten, dass man diese Zusammenhänge auch in einer wissenschaftlichen Studie lesen kann. In der Praxis kommen diese hohen Studien-Dosen (41 ng/Biene einmalig verabreicht) in unserer Umgebung nur sehr selten vor. Selbst in dem in der Natur sehr seltenen Fall, dass sich eine Biene eine so hohe Giftdosis (42 ng/Biene) einmalig zuführt und man diese Biene als Imker innerhalb einer Stunde finden und sofort tiefgefrieren würde, hätte man noch immer das Problem, dass eine Probe auf Vergiftung aus mindestens 500, besser aber 1.000 toten Bienen bestehen müsste. Da aber während der Vergiftungszeit normalerweise auch Tracht herrscht, gibt es bis zu 2.000 aus natürlichen Gründen gestorbene Bienen pro Stock täglich, die die Probe entsprechend

Völker in der Obst- und Rapsblüte

verdünnen. Auch während der Trachtzeiten kommt ein Imker kaum öfter als einmal jede Woche auf seinen Bienenstand.

Also einen positiven Vergiftungsbefund seiner mit diesem Neonic vergifteten Bienen zu erhalten, ist zwar nicht ganz unmöglich, aber doch nur unter ganz bestimmten Umständen wahrscheinlich.

Vergleich der Bienengiftigkeit von DDT mit Imidacloprid und Clothianidin

DDT war bis in die 1960er-Jahre, bevor es in der westlichen Welt verboten wurde, jahrzehntelang das häufigst verwendete Insektizid. Heutzutage wird von einigen Experten vermutet, dass Imidacloprid das häufigst verwendete Insektizid ist. Der französische Wissenschafter Jean-Marc Bonmatin hatte die Idee, einen Bienengiftigkeitsvergleich auf Basis von DDT zu erstellen.[lxv] Aus seinen Werten geht hervor, dass Imidacloprid bereits mehr als 7.000-mal so bienengiftig ist wie DDT. Clothianidin ist überhaupt mehr als 10.000 Mal so bienengiftig wie DDT und daher an der Spitze dieser Liste.

Bemerkenswert ist in diesem Zusammenhang auch die Beständigkeit dieser Gifte in der Umgebung. Bei Clothianidin wird mit einer durchschnittlichen Halbwertszeit im Boden von 1.155 Tagen gerechnet, wobei sich dieser Wert unter bestimmten Umständen bis auf 6.932 Tagen[lxvi] erhöhen kann.

Neonics und Honigbienen in wissenschaftlichen Studien

Google Scholar (dient der allgemeinen Literaturrecherche wissenschaftlicher Dokumente) findet innerhalb von 0,14 Sekunden Ungefähr 11.000 Ergebnisse zum Thema „Neonicotinoide und Honigbienen" (am 15. Jänner 2019). Daher ist es wenig sinnvoll, in einem Buch über Bienengesundheit auf jede einzelne Studie einzugehen. Darum habe ich hier nur einen ganz kleinen Überblick über einige negative Auswirkungen von Neonics auf unsere Honigbienen bei minimalsten Dosen, die in unserer Umwelt vorkommen, dargestellt:

Es gibt in unserer Umwelt häufig die Gelegenheit, dass sich Bienen zum Beispiel in Ackerpfützen oder bei Abdrift von bienengefährdenden Mitteln in blühende Flächen oder durch blühende Unkräuter, die sie anfliegen, durch nicht bemerkte Tauhonige in landwirtschaftlichen Kulturen oder Ähnlichem einem so genannten „nicht-tödlichen" Risiko aussetzen.

Negative Einflüsse von Neonics auf Bienen

Neonics beeinflussen das Immunsystem der Honigbienen bei realistischen Konzentrationen auf unseren Feldern, wie die Wundheilung wird gestört, die antimikrobische Aktivität wird verringert und die Anzahl der Blutkörperchen wird reduziert.[lxvii]

Weitere Beispiele für negative Einflüsse wären:

- erhöhte Virenvermehrung in den Bienen,
- verminderte Nahrungsaufnahme,
- verkleinerte Futtersaftdrüsen,
- verminderte Fortpflanzungsfähigkeit,
- verminderte Sammelaktivität,
- vermindertes Volkswachstum,
- weniger Königinnennachwuchs
- und vieles andere mehr.

Neonics in Bienenvölkern und deren Abbau im Boden

Weltweit durchgeführte Studien an Bienenvölkern, die Neonic-Anwendungen in ihrer Umgebung ausgesetzt waren, zeigten Neonics, Fipronil und deren Abbauprodukte in Konzentrationen von 1–100 ppm in den Vorräten dieser Völker.[lxviii]

Prinzipiell gilt: Je feuchter die Luft, je niedriger die Dosis, je höher die Temperatur, je intensiver die Sonnenstrahlung, desto eher werden Neonics im Boden wieder abgebaut. Der Abbau wird unter anderem durch die hohe Strahlungsenergie der Sonne, Verdünnung (Auswaschung), vermutlich auch durch Mikroorganismen, die Energie oder Kohlenstoff benötigen, durchgeführt.

HONIGBIENEN ALS BIOINDIKATOR

Honigbienen sind quasi fliegende Staubsauger.

Sie befliegen recht intensiv einen Radius von 3 km um ihren Stock herum auf der Suche nach Nektar, Pollen und Wasser sowie auch nach Harzen für die Propolis. Durch ihre Körperbehaarung und ihren bewachsten Körper laden sie sich bis auf gemessene 450 Volt bei ihren Sammelflügen auf. Diese Ladung wird nicht nur zum Pollensammeln, sondern auch zur Kommunikation im Bienenstock benötigt.[lxix] Während ihres Fluges sammeln sie, elektrostatisch aufgeladen, auch viele kleine Teile aus der Luft.

Hier sieht man am Beispiel einer pollensammelnden Biene auf einer Saalweidenblüte, wie die behaarte Körperoberfläche den Umgebungsstaub, in diesem Fall Saalweidenpollen, elektrostatisch aufsammelt.

BIENENSTERBEN (COLONY COLAPSE DISORDER)

Zum Unterschied zu einer klassischen akuten Bienenvergiftung geht es hier um einen unerklärbaren schnellen Verlust der erwachsenen Bienen eines Volkes. Innerhalb von ein paar Tagen fliegen sich Völker „kahl“, das heißt, es bleiben entweder keine oder nur sehr wenige Bienen in Stock. Tote Bienen sind nur vereinzelt im Stock oder vor den Fluglöchern zu finden. Im Stock sind noch viele Vorräte und manchmal auch noch verdeckelte Brut.

Falls noch Bienen vorhanden sind, gibt es meist auch noch eine Königin und die vorhandenen Bienen sind jung. Die Waben machen noch einen frischen Eindruck, bis die Wachsmotten oder auch Räuberbienen ihr Werk beginnen und sich über die Vorräte hermachen.

Typisches kahlgeflogenes Volk: reichlich Vorräte, verdeckelte Brut, ein Häufchen Jungbienen mit der Königin auf einer Wabe, der Rest des Stockes bienenleer.

Im Winter 2006/2007 waren in den USA viele Imker von einem großen Bienensterben (colony colapse disorder) betroffen und manche Imker verloren mehr als 90 % ihrer Völker daran.

Das Typische in der Imkerei hier ist auch, dass betroffene Imker kaum oder nur mit viel Scham über ihr „Versagen“ als Imker sprechen, weil sie von ihren Kollegen, die oft nur mehr Glück hatten, als schlechte oder unfähige Imker gesehen werden.

Eine Umfrage brachte zu Tage, dass ungefähr eine Dreiviertelmillion Bienenstöcke diesen Winter 2006/2007 nicht überlebt hat. Natürlich waren auch viele „normale“ Winterverluste dabei.

Bereits im Jahr 1868[lxx] gab es in Indiana, Kentucky und Tennessee in den USA ein unerklärliches Bienensterben, das ein heutiger Imker als das klassische Varroa-Kahlfliegen im Herbst bezeichnen würde. Nach einem ungewöhnlich heißen Sommer hatten die Völker große Honigvorräte. Berichtet wurde von plötzlich bienenleeren Stöcken, seltener auch von plötzlich tot runter fallenden Bienen, auch seltener von Pollenmangel, von überdurchschnittlich großen Vorräten (Verhungern war damals die Standardursache für Winterverluste), von manchen toten Königinnen, selbst von Ende Oktober wieder massiv zu brüten beginnenden Völkern (heute würde man sagen: gegen die Varroa anbrüten) war die Rede. Es wurde aber auch auf giftigen Honig als Ursache spekuliert.

In Colorado, USA, wurden im Jahr 1891 stark regional auftretende mysteriöse Fälle von Mai-Schwindsucht bei Bienen beobachtet. [lxxi]

Ein Imker beschreibt, wie er im Mai auf einem Außenstand seine Völker kontrollierte. Diese waren teilweise schon so stark, dass sie vor den Fluglöchern hingen. Er glich Brut- und Futtervorräte zwischen den Völkern aus. Einerseits als Schwarmvorsorge und andererseits um Futtermangel der extrem stark brütenden Völker zu verhindern.

Als er Anfang Juni (zehn Tage später) zur Schwarmvorsorge wieder zu diesen Völkern kam, war er sehr überrascht, wie schwach sie waren. Die Völker, die zuvor noch vor ihren Fluglöchern Trauben von Bienen hängen hatten, hatten nicht einmal mehr genug Bienen, um ihre Brut zu bedecken. Durch das extrem warme Wetter waren die Brutschäden aber beschränkt und die schlüpfenden, großen Brutbretter füllten die Stöcke sehr schnell wieder. Ein anderer Imker im Umkreis beschrieb es so, dass die Völker so bienenleer waren, dass man seine Hand auf eine Wabe mit Brut legen konnte und kaum eine Biene berührte. Die Erklärung, die unter den Imkern der damaligen Zeit vorherrschte: Der Wind hat die Bienen in den Bach geblasen ...

Im Jahr 1896 (aus demselben Bericht wie 1891) in Denver, USA, wurde wieder Ende Mai von einer Fläche mit einem Durchmesser von 20 km berichtet, in der alle Bienenvölker ihre Flugbienen sowie die meisten Stockbienen verloren hatten. Manche Völker hatten nur mehr eine halbe Teetasse voll mit Bienen übrig – alle anderen schienen sich in Luft aufgelöst zu haben. Die 200 Völker einer Imkerei hatte es so schlimm erwischt, dass man keine 25 guten Völker daraus hätte machen können. Erst Mitte Juni, man musste erst das Schlüpfen der verdeckelten Brut abwarten, um wieder Bienen in der Völkern zu haben, ging es den Völkern wieder besser.

Es wird im Bericht auch beiläufig angeführt, dass die Obstbäume zur selben Zeit eine Blütenspritzung erhalten hatten.

Die Krankheit wurde Maikrankheit genannt. Es wurden flugunfähige Krabbelbienen überall am Bienenstand beobachtet.

Ein anderer Imker berichtet auch von Problemen zu dieser Zeit. Er hatte Hunderte Bienen mit defekten Flügeln (heute würde man das Flügeldeformationsvirus als Ursache vermuten) rund um seine Völker herumkrabbeln gesehen und vermutete, dass diese von irgendwelchen schlechten Blüten kamen, die die Flügel der Bienen beschädigten. Die Bienen waren nicht aufgebläht.

Von Ende 1905 bis 1919 starben auf der Insel Wight[lxxii] (eine der Südküste Großbritanniens vorgelagerte Insel) ca. 90 % aller Bienenvölker. Die ersten Symptome traten im Herbst 1904 angeblich durch importierte Bienenvölker auf. Auf der kleinen Insel war gerade die Umstellungszeit von der traditionellen Korbimkerei auf moderne Mobilbeuten im Gange. Die Symptome waren hauptsächlich krabbelnde, flugunfähige Bienen am Flugloch und auch überall am Boden. Vom chronischen Lähmungsvirus über *Nosema apis* über die Faulbrut bis hin zur Tracheenmilbe wurde eine Bienenkrankheit nach der anderen vermutet. Die wahrscheinlichste Hauptursache war vermutlich eine auf die Tracheenmilbe empfindliche Bienenrasse. Sie wurde aber auch zum Mythos und zum Symbol, weil Bienen grundsätzlich sehr robust sind. Wenn aber alles zusammenkommt, wie mangelnde Ausbildung der Imker bei der Umstellung von Bienenkorb auf Mobilbeute, unbekannter Bienenparasit und empfindliche Bienenrasse, dann kann es schon beeindruckende Ausmaße annehmen.

In den 1960er-Jahren gab es viele Berichte[lxxiii] über unerklärliche Bienenverluste aus Gebieten in Texas und Louisiana (USA). Teilweise fehlten Drohnen in den Stöcken, obwohl sonst Brut vorhanden war. Inzucht schien auch ein Problem zu sein. Untersuchungen auf Bienenkrankheiten und Pestizide brachten kein Ergebnis.

Natürlich gab es ungeklärte Bienensterben mehr oder weniger regelmäßig in der Geschichte der Imkerei. Im Wesentlichen kann man davon ausgehen, dass es sich hier nicht um eine einzige Ursache, sondern um multifaktorielle Ursachen handelt. Das kann die Kombination von wenig geschulten Imkern, neuen Krankheiten, schlecht ernährten Bienenvölkern, ungünstigen Wetterereignissen, neuen Giften, Landschaftsveränderungen u. v. a. m. sein.

LITERATURVERZEICHNIS

i Transfer of Immunity from Mother to Offspring Is Mediated via Egg-Yolk Protein Vitellogenin Heli Salmela et al 2015 https://doi.org/10.1371/journal.ppat.1005015

ii Page, P. et al. Social apoptosis in honey bee superorganisms. Sci. Rep. 6, 27210; doi: 10.1038/srep27210 (2016).

iii Gloria DeGrandi-Hoffman & Robert Curry (2004) A mathematical model of Varroa mite (Varroa destructor Anderson and Trueman) and honeybee (Apis mellifera L.) population dynamics, International Journal of Acarology, 30:3, 259–274, DOI: 10.1080/01647950408684393

iv van Engelsdorp, Dennis et al „Entombed Pollen": A new condition in honey bee colonies associated with increased risk of colony mortality. Joipath. 2009; Vol. 101, No. 2. pp. 147–149.

v Pathogen-associated self-medication behavior in the honeybee Gherman, B. I., Denner, A., Bobiş, O. et al. Behav Ecol Sociobiol (2014) 68: 1777. https://doi.org/10.1007/s00265-014-1786-8

vi Altruistic self removal of health compromised honey bee workers from their hive RUEPPELL et al. 2010 https://doi.org/10.1111/j.1420-9101.2010.02022.x

vii Grooming by honey bees as a component of Varroa resistant behavior Pritchard 2016, https://doi.org/10.1080/00218839.2016.1196016

viii Fluri P. (1990) Wie alt werden die Arbeitsbienen? Schweiz. Bienenztg. 113 (11), 620–625.

ix Brood pheromone suppresses physiology of extreme longevity in honeybees (Apis mellifera) J. Exp. Biol., 212 (2009), pp. 3795–3801 B. Smedal, M. Brynem, C. D. Kreibich, G. V. Amdam

x Social regulation of ageing by young workers in the honey bee. Benjamin Dainat, Peter Neumann, Vincent Dietemann https://doi.org/10.1016/j.exger.2016.11.006

xi Goulson D (2003) Conserving wild bees for crop pollination, Journal of Food, Agriculture and Environment, 1 (1), pp. 142–144. 2002

xii From where did the Western honeybee originate? Fan Han, Andreas Wallberg, and Matthew T. Webster 2012 doi: [10.1002/ece3.312]

xiii Grooming behavior and damaged mites in Apis cerana cerana and Apis mellifera ligustica I. Friesa, Wei Huazhenb, Shi Weib, Chen Shu Jinb DOI: 10.1051/apido:19960101

xiv Ecology, Behaviour and Control of Apis cerana with a Focus on Relevance to the Australian Incursion Anna H. Koetz 2013 doi: 10.3390/insects4040558

xv A Saliva Protein of Varroa Mites Contributes to the Toxicity toward Apis cerana and the DWV Elevation in A. Mellifera Yi Zhang and Richou Han doi: [10.1038/s41598-018-21736-9]

xvi Co-adaptation of Apis cerana Fabr. and Varroa jacobsoni Oud Werner Rath https://doi.org/10.1051/apido:19990202

xvii F. Ruttner, J. Woyke & N. Koeniger (1972) Reproduction in Apis Cerana 1. Mating Behaviour, Journal of Apicultural Research, 11:3, 141–146, DOI:10.1080/00218839.1972.11099714

xviii DIE IMKERORGANISATION UND PROFESSOR DR. DR. FRIEDRICH RUTTNER, DR. F. GNÄDINGER Apidologie,1984, 15 (2), 91–98

xix Unterricht in der Bienenzucht von Gottfried Wöhrle 1866 | Verlag: Kunstmann S. 9

xx A multi-microscopy approach to discover the feeding site and host tissue consumed by Varroa destructor on host honey bees. Microscopy and Microanalysis 24(S1), Ramsey S. D., Culbronson C., Mowery J., Ochoa R., van Engelsdorp D. and Bauchan G. R. (2018) 1258–1259. doi: 10/s1 43192761800677 3

Hochorganisiertes Leben auf kleinem Raum: Die Fortpflanzung der Varroa-Milben in den verdeckelten Brutzellen der Bienenvölker Gérard Donzé Institut de Zoologie, Universität, 2007 Neuchâtel; Peter Fluri und Anton Imdorf, Schweizerisches Zentrum für Bienenforschung Forschungsanstalt für Milchwirtschaft, Liebefeld, CH-3003 Bern

xxi Artificial feeding of Varroa destructor through a chitosan membrane: a tool for studying the host-microparasite relationship Tabart, J., Colin, M. E., Carayon, J. L. et al. Exp Appl Acarol (2013) 61: 107. https://doi.org/10.1007/s10493-013-9675-9

xxii Bruce W. A., Chiesa F., Marchetti S., Griffiths D. A. (1988) Laboratory feeding of Varroa jacobsoni (Acari: Varroidae) on natural and artificial diets. Apidologie 19:209–218

xxiii Insights into the metabolism and behaviour of Varroa destructor mites from analysis of their waste excretions Francisco Posada-Florez (a1), Daniel E. Sonenshine (a1) (a2), Noble I. Egekwu (a1), Clifford Rice (a3) ... https://doi.org/10.1017/S0031182018001762 2018

xxiv A survivor population of wild colonies of European honeybees in the northeastern United States: investigating its genetic structure Seeley, T. D., Tarpy, D. R., Griffin, S. R. et al. Apidologie (2015) 46: 654. https://doi.org/10.1007/s13592-015-0355-0

xxv Island population of European honey bees in Northeastern Brazil that have survived Varroa infestations for over 30 years de Mattos, I. M., De Jong, D. & Soares, A. E. E. Apidologie (2016) 47: 818. https://doi.org/10.1007/s13592-016-0439-5

xxvi Chen, et al. (2017). Managed honeybee colony losses of the Eastern honeybee (Apis cerana) in China (2011–2014). Apidologie. 48. 10.1007/s13592-017-0514-6.

xxvii Hasan Al Toufailia, Luciano Scandian & Francis L. W. Ratnieks (2018) Towards integrated control of Varroa: 3) mortality proportion from early spring trapping in drone brood, Journal of Apicultural Research, 57:3, 433–437, DOI: 10.1080/00218839.2018.1454292

xxviii W. j. Boot, J Schoenmaker, J. N. M. Calis, J. Beetsma. Invasion of Varroa jacobsoni into drone broodcells of the honey bee, Apis mellifera. Apidologie, 1995, 26 (2), pp.109–118.

xxix Invasion of Varroa mites into honeybee brood cells; when do brood cells attract Varroa mites? [1991] Boot, W. J. Calis, J. N. M. Beetsma, J.

xxx Differential tending of worker and drone larvae of the honey bee, Apis mellifera, during the 60 hours prior to cell capping Nicholas W. Calderone and L. P. S. Kuenen Apidologie, 34 6 (2003) 543–552 DOI: https://doi.org/10.1051/apido:2003054

xxxi W. J. Boot, J. Schoenmaker, J. N. M. Calis, J. Beetsma. Invasion of Varroa jacobsoni into drone broodcells of the honey bee, Apis mellifera. Apidologie, 1995, 26 (2), pp.109–118.

xxxii J Schmidt-Bailey, S Fuchs, R Büchler. 28. Zur Wirksamkeit von Drohnenbrut-Fangwaben in brutfreien Bienenvölkern. Apidologie, 1996, 27 (4), pp.293–295.

xxxiii Hasan Al Toufailia, Luciano Scandian, Kyle Shackleton & Francis L. W. Ratnieks (2018) Towards integrated control of Varroa: 4) Varroa mortality from treating broodless winter colonies twice with oxalic acid via sublimation, Journal of Apicultural Research, 57:3, 438–443, DOI: 10.1080/00218839.2018.1454035

xxxiv COMMISSION REGULATION (EU) No 37/2010 of 2009 on pharmacologically active substances and their classification regarding maximum residue limits in foodstuffs of animal origin

xxxv DOI: 10.1051/apido:2004056 Effects of coumaphos on queen rearing in the honey bee, Apis mellifera Anita M Collins et al. 2004 xxxvi High levels of miticides and agrochemicals in North American apiaries: implications for honey bee health. Mullin C. A. 1, Frazier M., Frazier J. L., Ashcraft S., Simonds R., Vanengelsdorp D., Pettis J. S. 2010 doi: 10.1371/journal.pone.0009754.

xxxvii Widespread detections of neonicotinoid contaminants in central Wisconsin groundwater Benjamin Z. Bradford et al., 2018 https://doi.org/10.1371/journal.pone.0201753

xxxviii Neonicotinoid-Contaminated Puddles of Water Represent a Risk of Intoxication for Honey Bees. PLoS ONE 9(12): e108443. Samson-Robert O., Labrie G., Chagnon M., Fournier V. (2014) https://doi.org/10.1371/journal.pone.0108443

xxxix APIACTA 38 (2003) 40–45 40 ORGANIC BEEKEEPING AND ACARICIDE RESIDUES IN BEESWAX. RESEARCH IN THE LAZIO REGION (CENTRAL ITALY) Persano Oddo Livia, Pulcini Patrizio, Morgia Cinzia, Marinelli Enzo

xl Droz, Benoît & Charrière, Jean-Daniel. (2015). Nach Wachsmottenbehandlung Ameisensäurerückstände im Honig. Schweizerische Bienen-Zeitung. 138. 14–16.

xli Field trial: effect of the addition of stearic and palmitic acid to beeswax on the development of the worker bee brood Final report: July 17 2018 Dr. Wim Reybroeck ILVO-T&V, Melle, Belgium

xlii Declan C. Schroeder & Stephen J. Martin (2012) Deformed wing virus, Virulence, 3:7, 589–591, DOI: 10.4161/viru.22219

xliii 2013 doi: 10.1073/pnas.1314923110 Neonicotinoid clothianidin adversely affects insect immunity and promotes replication of a viral pathogen in honey bees Di Prisco,

xliv Untersuchungen zur Arbeitssicherheit des Imkers bei der Anwendung von Oxalsäure zur Bekämpfung der Varroatose: Dissertation der Medizinischen Fakultät der Eberhard-Karls-Universität zu Tübingen Thomas Josef Gumpp

xlv Theisen-Jones, Holly & Bienefeld, Kaspar. (2016). The Asian Honey Bee (Apis cerana) is Significantly in Decline. Bee World. 93. 90–97. 10.1080/0005772X.2017.1284973.

xlvi The Prevalence of Parasites and Pathogens in Asian Honeybees Apis cerana in China Jilian Li,et al Published: November 7, 2012 https://doi.org/10.1371/journal.pone.0047955

xlvii Chen, et al (2017). Managed honeybee colony losses of the Eastern honeybee (Apis cerana) in China (2011–2014). Apidologie. 48. 10.1007/s13592-017-0514-6.

xlviii World Scientists' Warning to Humanity: A Second Notice, Zeitschrift: BioScience, Volume 67, Ausgabe 12, 2017, Seiten 1026–1028. Quelle: William J. Ripple, Christopher Wolf, Thomas M. Newsome, Mauro Galetti, Mohammed Alamgir, Eileen Crist, Mahmoud I. Mahmoud, William F. Laurance und 15.364 Biowissenschaftler aus 184 Ländern.

xlix The broiler chicken as a signal of a human reconfigured biosphere Carys E. Bennett, Richard Thomas, Mark Williams, Jan Zalasiewicz, Matt Edgeworth, Holly Miller, Ben Coles, Alison Foster, Emily J. Burton and Upenyu Marume Published: 12. December 2018 doi.org/10.1098/rsos.180325

l The biomass distribution on Earth Yinon M. Bar-On, Rob Phillips, and Ron Milo PNAS June 19, 2018 115 (25) 6506–6511; published ahead of print May 21, 2018

li Chapman AD (2009) Numbers of Living Species in Australia and the World (Australian Biological Resources Study, Canberra, Australia).

lii Hallmann C. A. , Sorg, M., Jongejans, E., Siepel, H., Hofland, N., Schwan, H., et al. (2017) More than 75 percent decline over 27 years in total flying insect biomass in protected areas. PLoS ONE 12(10): e0185809. https://doi.org/10.1371/journal.pone.0185809

liii [10.1098/rsos.170760] Monarch butterfly population decline in North America: identifying the threatening processes Wayne E. Thogmartin, 1 Ruscena Wiederholt, 2 Karen Oberhauser, 3 † Ryan G. Drum, 4 Jay E.Diffendorfer, 5 Sonia Altizer, 6 Orley R. Taylor, 7 John Pleasants, 8 Darius Semmens, 5 Brice Semmens, 9 Richard Erickson, 1 Kaitlin Libby, 10 and Laura Lopez-Hoffman, 10

liv Gilburn, A. S., Bunnefeld, N., Wilson, J. M., Botham, M. S., Brereton, T. M., Fox, R., Goulson, D. 2015. Are neonicotinoid insecticides driving declines of widespread butterflies? PeerJ 3:e1402 https://doi.org/10.7717/peerj.1402

lv Before Silent Spring: Pesticides and Public Health in Pre-DDT America von James C. Whorton, 1975 S. 19

lvi Pollination Biology: Biodiversity Conservation and Agricultural Production Dharam P. Abrol Springer Science & Business Media, 2011

lvii Pesticides and Pest Control. In: Peshin, R., Dhawan, A. K. (eds) Integrated Pest Management: Innovation-Development Process. https://doi.org/10.1007/978-1-4020-8992-3_3 Pimentel D. (2009)

lviii Journal of Agricultural Science (2006), doi:10.1017/S0021859605005708 Crop losses to pests E.- C. OERKE

lix Julius Kühn Institut Jahresbericht 2017: https://bienenuntersuchung.julius-kuehn.de/index.php?menuid=91

lx T. ZUR PROBLEMATIK DER VERWENDUNG VON INVERTZUCKER FÜR DIE BIENENFÜTTERUNG. Springer Verlag, 1975, 6 (2), pp.121–143. Jachimowicz, G. El Sherbiny.

lxi Biological Monitoring Method for Urinary Neonicotinoid Insecticides Using LC-MS/MS and Its Application to Japanese Adults. Ueyama et al., J. Occup Health 2014;

lxii Risk of environmental contamination by the active ingredient imidacloprid used for corn seed dressing. Preliminary results GREATTI et al. Bulletin of Insectology 56 (1): 69-72, 2003ISSN 1721-8861

lxiii Temporal dynamics of whole body residues of the neonicotinoid insecticide imidacloprid in live or dead honeybees - https://doi.org/10.1038/s41598-017-06259- Schott et al 2017

lxiv Delayed and time-cumulative toxicity of imidacloprid in bees, ants and termites Gary Rondeau, 1 Francisco Sánchez-Bayo, 2 Henk A. Tennekes, et al. 2014 . doi: 10.1038/srep05566

lxv Effects of neonicotinoids and fipronil on non-target invertebrates J. M. Bonmatin Centre de Biophysique Moléculaire, UPR 4301 CNRS, affiliated to Orléans University and to INSERM, 2014

lxvi EFED Risk Assessment for the Seed Treatment of Clothianidin 600FS on Corn and Canola; Rexrode et al 2003

lxvii The neonicotinoids thiacloprid, imidacloprid, and clothianidin affect the immunocompetence of honey bees (Apis mellifera L.) AnnelyBrandt et al https://doi.org/10.1016/j.jinsphys.2016.01.001

lxviii Environmental fate and exposure; neonicotinoids and fipronil J.-M. Bonmatin et al Published in Environmental Science and Pollution Research 22, issue 1, 35–67, 2015

lxix Reception and learning of electric fields in bees . Uwe Greggers et al and Randolf Menzel doi: [10.1098/rspb.2013.0528]

lxx 1869 Report of the Commissioner of Agriculture for the year 1868 by United States Department of Agriculture. S. 278–280

lxxi von Aikin, R. C., 1897. Bees evaporated; a new malady. aus Gleanings in Bee Culture 25, S. 479–480

lxxii Bailey L., 1963. The „Isle of Wight disease“: the origin and significance of the myth

lxxiii Honey Bee Problems in the Rio Grande Valley of Texas. American Bee Journal 116(5): 220,222,232 KAUFFELD, N., TAYLOR, E., 1976.